科学精神之旅

位梦华 / 著

中国大百科全书出版社

图书在版编目（CIP）数据

科学精神之旅/位梦华著. —北京：中国大百科全书出版社，2011.10（2020.4重印
（高纬度科普）

ISBN 978-7-5000-8681-9

Ⅰ. ①科… Ⅱ. ①位… Ⅲ. ①科学学—普及读物
Ⅳ. ①G301－49

中国版本图书馆 CIP 数据核字（2011）第 205917 号

责任编辑： 李玉莲　齐　芳
封面设计： 博越图文 · 程然
责任印制： 张新民
出版发行： 中国大百科全书出版社
地　　址： 北京市阜成门北大街17号
邮政编码： 100037
电　　话： 010–88390636
网　　址： http：// www.ecph.com.cn
印　　刷： 保定市铭泰达印刷有限公司
开　　本： 720毫米 × 1020毫米　1/16
印　　张： 8.5
字　　数： 90千字
版　　次： 2011年 10月第1版
印　　次： 2020年 4月第3次
书　　号： ISBN 978-7-5000-8681-9
定　　价： 18.00元

一个科学家的精神漫游与人性探索，能回到哪里呢？

位梦华，中国作家协会会员，中国科普作家协会会员，美国探险家俱乐部国际成员，中国地震局地质研究所研究员，享受国务院颁发的政府特殊津贴有突出贡献的科学家。1981 年，作为访问学者赴美国进修。1982 年，从美国去了南极，成为最早登上南极大陆的少数几个中国人之一。1983 年回国后，率先对南极进行综合性研究，出版《奇

异的大陆——南极洲》、《南极政治与法律》等著作，并发表大量与南极有关的科普文章。

20世纪90年代始，又将目光转向北极。1991年至2005年，先后9次进入北极进行综合性科学考察，成为广交爱斯基摩人朋友并关注其文化与生存状态的第一个中国人，阿拉斯加北坡自治区政府和阿拉斯加爱斯基摩捕鲸委员会分别于1994年和1996年授予其杰出贡献奖。1995年，作为总领队，率中国首次远征北极点科学考察队胜利进入北极中心地区，将五星红旗插上了北极点，为中国加入国际北极科学委员会创造了条件。1998年，在北极工作了8个月，成为第一个在北极越冬的中国科学家。

为在科学与文学之间架起一座桥梁，以科学文学的语言创作了大量综合介绍南极和北极的“科学散文”，并结集为《北极的呼唤》、《两极探险史话》、《最伟大的猎手》等20余种出版，在读者中，尤其是青少年读者中产生了广泛影响。

2011年5月，作者的科学家探险传奇——《巨怪追踪》之《北极天书》问世。小说所要表达的思想是：世界是恐怖的，不仅现在，过去和将来亦如此，恐怖不仅来自人类，同样也来自自然界和宇宙空间。那么，人类将往何处去？

目录 Contents

KE XUE JING SHEN ZHI LÜ

人文杂感

有人认为，人类之所以聪明，是因为有一个特别发达的大脑。其实不然，大脑固然重要，但是巧媳妇难为无米之炊，如果我们不知道地球和宇宙，不知道历史和未来，不知道自己周围的事物，那和其他生物有多大区别呢？实际上，大脑只是一个工具，就像一台计算机，是用来加工和处理外来信息的。如果人类没有语言，没有文字，没有祖先留下来的历史遗产，只有一个空空的大脑又有什么用呢？也就是说，人类的聪明，主要是靠后天的学习，这就是文化。

文化对于人类来说是非常重要的，这就是为什么“人文”一词大行其道，受到人们格外的重视。我在这个世界上，已经生活了几十年，走南闯北，遇到了各样各样的人和事，而且也算有一点文化，便将自己的思考写成了“人文杂感”。

上帝的影子

无论承认与否，几乎每个人的内心深处，都会有一个上帝。不过，有人认为上帝离他很近；有人认为上帝离他很远；有人认为，上帝确实存在；有人认为，根本就没有那回事。然而，即使不承认上帝存在的人，也很难逃脱上帝的影子。

有一年在西雅图，遇到了一位年轻的华人女士，她每时每刻都会感觉到上帝的存在。有时候上帝会站在她身边，她能察觉得到；有时候上帝会跟她说话，她能够听得清清楚楚。我问她，上帝都对她说了些什么，她说这是天机，不能泄露。我觉得她生活得太苦、太累，每天都被上帝压得喘不过气来。而她自己却觉得，她所有的一切的一切，都是上帝赐予的；她所有的遭遇，无论是好的还是坏的，也都是上帝安排的。因此，她和上帝是无论如何也分不开，所以不能谈恋爱，只能是单身，但她并不是修女。

爱斯基摩人本来是多神论者，即萨满教，认为什么都有灵魂。那时候，爱斯基摩人对死看得非常平淡，认为死了以后，灵魂照样存在。西方牧师来了以后，把他们的巫师统统捉了起来，强迫他们改信基督。现在，大部分爱斯基摩人也都变成了一神论者，只能相信上帝。但是，《圣经》的发源地是在中东，里面的故事很难和北极挂起钩来，传教士们便因地制宜，编造出一些故事来引诱爱斯基摩人上钩。例如，爱斯基摩朋友本尼告诉我说："你知道吗？《圣经》里说的发大水，我们爱斯基摩人的祖先也经历过。但是，他们并不是靠诺亚方舟生存下来的，而是躲到了南方的布鲁克斯山顶上。"

"他们吃什么呢？"我问他。

"吃鲸啊！"他说，"那时候，弓头鲸都游进了大山里，游到了人们的身边等着被捕。"说到这里，他强调说，"所以，我们爱斯基摩人是靠鲸生存下来的。据说，现在在布鲁克斯山顶上，还可以找到那时吃过的鲸骨呢！"

"噢？真的？"我吃惊地望着他，"你看到过吗？"

"没有。"他摇了摇头，"这些都是听牧师说的。"

看着他那认真的样子，知道他是上了牧师的当了。牧师们为了迫使爱斯基摩人信基督，编造了许多故事。例如，他们知道爱斯基摩人有个传说，说他们的祖先是兄弟两个，一个脸黑一些，一个脸白一些，后来走散了，白脸的弟弟走丢了。牧师们便借题发挥说，后来来到北极的白人，就是那个走丢了的白脸弟弟的后裔。

汤姆·奥尔伯特博士是我最好的朋友。他是生物学家，却也相信

上帝。但是，他并不像有些人那样，认为上帝决定着人的一切：人的一举一动，上帝都看在眼里；人生的每一步，都是上帝早就安排好了的。汤姆认为，上帝只干两件事，一是给每个人以特性和天资，使有的人漂亮，有的人丑陋，有的人聪明，有的人糊涂；二是记录每个人的行为，然后来一个秋后算账，等死了以后，干好事的进天堂，干坏事的下地狱。至于每个人想要干什么，全靠自己去决定，上帝是管不了那么多的。正如家长一样，给孩子钱，让孩子受教育。但是，孩子拿到钱以后，是去买酒喝，还是买书读，全是由孩子自己来决定，家长不可能成天跟在后面盯着他。

有意思的是，汤姆是一个虔诚的天主教徒，而他妻子玛尼，则是基督徒。玛尼曾不止一次地告诉我说，汤姆每逢遇到难题，拿不定主意，难以抉择的时候，就会跪下来祈求上帝的教诲。

“你从上帝那里得到过指令吗?”我问汤姆。

“没有。”汤姆摇了摇头，幽默地说，“我从来没有收到过上帝的传真或者口头指示。”

“那你怎么办呢?”我笑了，“也许你应该给上帝发个 E－mail。”

“没有关系。”他坦然地说，“我只有按照自己的灵感去做，而这灵感，也许就是从上帝那里得来的。”

我觉得有点难以理解，作为一个科学家，汤姆怎么能相信上帝呢?但是，如果仔细地回想一下，我自己的身边，似乎也有上帝的影子。我小的时候，常常跟在祖母的身边。她老人家虽不信教，却也认为有个上帝，叫做“天老爷”。人如果干了坏事，就会受到上帝的惩罚，

“天打五雷劈”。因此，不幸遭到雷击的人，真是倒霉透了，即使这个人很好，也会被认为可能是前一辈子干了坏事。

受到祖母的熏陶，我那时候也认为“天老爷”每时每刻都在天上看着自己。祖母说，好人下一辈子会再托生成人，而坏人下一辈子就会托生成牲畜。于是我常常想，我下一辈子可能托生不了人，因为当个好人不容易，标准太高了，所以我可能会托生成牲畜。那么，变成什么牲畜好呢？牛、马、驴等太辛苦，一年到头都要干活。猪、狗、鸡比较轻松，可以吃了玩，玩了吃。但狗要看门，鸡要下蛋，都有任务。因此，想来想去，还是变成一头猪比较好一些，不用干活，虽然最后难免要挨一刀，但牛、马、驴等辛辛苦苦了一辈子，最后不同样也还是要挨刀吗？至于狗和鸡，我嫌它们太小了，所以瞧不起，要变就应该变大一点的东西。

现在到了这把年纪，虽然不相信有什么上帝存在，因为人（动物也一样）不可能靠灵魂去托生，而只能靠基因去传递。但是，有时候回想一下走过的路，阴差阳错，是非曲直，就像是有一条命运曲线似的。当然，这条曲线并不是上帝决定的，而是自己一步一步地走过来的。

但是，无论信其有，还是信其无，上帝的影响都是客观存在的，每个人都生活在他的阴影之下。只不过，在不同人的心目中，上帝的形象是大不一样的。《圣经》中的上帝，威风凛凛，杀气腾腾，顺我者昌，逆我者亡，使人望而生畏。而中国传说中的张玉皇，虽然也曾使用过武力镇压捣乱的弼马瘟孙悟空，但却没有强迫老百姓一定要信

仰他。人们是否给他烧香磕头，他也并不在乎。上帝这种性格上的差异，也就反映了东西方文化之不同。近代以来，西方的大举扩张和征战，无不打着上帝的旗号和幌子，直到现在也还是如此。

然而，在大部分善良教徒的想象中，上帝却应该是慈眉善目，循循善诱，希望人们都做好事。可惜的是，正如法律只对好人有约束力一样，上帝也只是对那些好人有影响力，坏人照样横行霸道，并不把上帝放在眼里。

东西方文化之不同

科学旨在探索自然的本原，文学则在挖掘人类的灵魂，正是凭借着这两个翅膀，人类才能在客观世界和主观世界中自由翱翔。因此，无论是对一个民族，一个国家，还是全人类，科学和文学都是至关重要，缺一不可的。

然而，科学和文学，又是两个完全不同的领域，无论是工作方法，还是思维方式，都相距甚远，甚至背道而驰。也许正因如此，科学和文学也就需要融和贯通，协调一致，才能飞得更高，飞得更远。而要做到这一点，则需要双方的共同努力，科学家努力加强文学修养，文学家多学一点科学知识。

回想一下人类的历史，就会发现，不同民族的发展可能有先后，但步骤大体都是一样的。例如，尚未发明出文字的民族，就不可能有文学家，但却一定会有说唱艺人，担当着延续历史的重任。例如，生

活在北极的爱斯基摩人，还没有等发明出自己的文字来，就受到了西方文化的冲击，所以没有本土的文学家。他们的历史，都是靠口头流传下来的，而西方的文学艺术，在他们的生活中占据了主导地位，他们本民族的东西正在逐渐消失。可见文学是何等重要，可以塑造一个民族的灵魂。于是又想起了东西方文化之不同。

我对西方的文人知之甚少，勉强可以数得出来的，有美国的马克·吐温，杰克·伦敦，英国的莎士比亚，狄更斯，法国的大仲马，小仲马，俄罗斯的托尔斯泰和屠格涅夫等。其他遗漏者并不是不伟大，而是因为不熟悉。至于中国的文人，可以算得上是伟大者，尽管是仁者见仁，智者见智，但在我的心目中，大概有老子，孔子，屈原，司马迁，杜甫，李白，白居易，曹雪芹和鲁迅等人。

但是，如果把中国文人和西方文人比较一下，就会看出明显的差别。中国的文人，当然是指那些伟大的文人，虽然千姿百态，命运各异，但却似乎都有以下通病或者特点：一曰“忧”，二曰“仕”，三曰“隐”，即所谓的“三癖”。西方文人却没有这样的嗜好，似乎活得要潇洒一些。

中国伟大的文学家，第一个当然是屈原，《离骚》是他的代表作，虽然采取了民歌的形式，却是诗人发自内心的呼喊，如惊雷，似闪电，一直震撼至今天。至于篇目的含义，司马迁在《史记·屈原列传》中称：“离骚者，犹离忧也。”班固则解为“遭忧”，王逸认为是“别愁”。无论何种解释，都离不开一个“忧”字，像幽灵似的，欲离不得，欲别不能，无奈只好发牢骚，故曰《离骚》。

榜样的力量是无穷的。自屈原之后，中国伟大的文人，都以发牢骚为天职。为什么呢？就是因为忧虑太多，“忧”字就像遗传密码一样，进到了中国文人的基因里，代代相传，成了一种职业病。到了范仲淹，终于忧虑到了极点，故有“居庙堂之高，则忧其民；处江湖之远，则忧其君。是进亦忧，退亦忧”。简直没有好日子过。什么时候才能不“忧”了呢？其必曰：“先天下之忧而忧，后天下之乐而乐。”

他们忧什么呢？当然是忧国忧民，为国家和民族而忧心，例如孔子、杜甫和鲁迅等；而当忧国忧民而又无能为力时，则会转而怨天尤人，为自己的境遇而不平，例如李白、白居易和曹雪芹等。但是，无论是“忧国忧民”，还是“怨天尤人”，最后都变成了牢骚，宣泄了出来，成了千古名篇，这就是中国文学的主体。

所有这些伟大的文人，还有一个共同的特点，就是都想当官，而且都想当大官，但又都未能如愿。例如，屈原为楚国而呼号，结果却是“众人皆浊，唯我独清；众人皆醉，唯我独醒”。最后只好跳进了大江里。孔子周游列国，呼吁克己复礼，实行仁政，却四处碰壁，得不到赏识，只好愤然回乡去教书。李白心劲更高，梦想着“高挂云帆济沧海”，却屡遭谗毁，终不得志，只好借酒浇愁，一走了之。杜甫当过小官，适逢安史之乱，颠沛流离，发出了“安得广厦千万间，大庇天下寒士俱欢颜”之感慨，却困于四面透风的草堂里。白居易曾为翰林学士，参与国政，很想干一番大事，却被贬为江州司马而“青衫湿”。也许，只有鲁迅可以算是例外。鲁迅虽然没有想当官，但也曾

经当过教育部的佥事，后来被章士钊辞退了，愤然而去，憋了一肚子气。

中国有句名言，叫做“伴君如伴虎”，这些伟大的文人当然是知道的，为什么还要明知山有虎，偏向虎山行，奋不顾身，争着去“伴”，一旦“伴”不成，还会不高兴呢？归根结底，还是离不开那个“忧”字。因为，凡是伟大的文人，都以天下为己任，且又“志当存高远”，对现状总也不满意，深信“天生我才必有用”，总想以自己的才华，实现政治上的抱负。而要实现理想中的目标，只有一条路可走，那就是“学而优则仕”。但是，理想和现实，往往是天壤之别，相距甚远，而文人们往往又太过迂腐，固执己见，死抱着自己的想法不放，难免就会碰钉子。所以，文学家当不了政治家，即所谓的“秀才造反，三年不成”。为什么呢？就是因为文学家太过于理想化了，而政治家却必须面对现实。就拿李白来说吧，虽然他雄心勃勃，自视很高，因为没能实现自己的政治抱负而大发牢骚。但是，如果他真的当上了宰相，政绩会如何，很值得怀疑，但有一点可以肯定的是，他也就写不出那么多伟大的诗篇了。所以，为文学计，这些人还是不去当官为妙。

有没有当上大官的文人呢？当然也有，但却没有什么好下场。例如，司马迁官至太史令，职掌天文历法，管理皇家典籍，集科技部长和文化部长于一身，官也不算小了，却不识时务，为当了叛徒的李陵辩解，招致杀身之祸，虽得以幸免，却受了宫刑，落得个终身残疾。但也正因如此，他才万念俱灰，发奋著述，终于完成了鸿篇巨制《史记》，作为宝贵的历史典籍，影响深远。诸葛亮的《出师表》写得极好，在文学史上足可以占据一席之地。但是作为丞相，却只能算是政绩平平，虽然也出了不少好主意，打了不少大胜仗，最后却以“出师未捷身先死，长使英雄泪满襟”草草收场，抱憾而去。如果没有三顾茅庐，诸葛亮也许会写出更多更好的文章来，而且寿命也会更长。曹操也许算不上伟大，却也文采飞扬，且有“对酒当歌，人生几何”之感慨和“烈士暮年，壮志不已”之豪情。但是，当了丞相之后，“挟天子以令诸侯”，臭名远扬，虽成霸业，好景不长，很快便被司马家族取而代之，这就叫做“以其人之道，还治其人之身”。

文人还有一条路，那就是“隐”。仕途不顺，或遭挫折，便可找个地方躲起来，深居简出，闭门谢客，以此来逃避现实，求得解脱，于是便出现了“隐士”这一特殊的群体和时髦的行业。但是，当隐士也要具备一定的条件，一是要有一点真才实学，二是要有一定的知名度。不然的话，“隐”是可以的，却成不了“士”。怎样才能提高知名度呢？现在可以做广告，上电视，但是在古代，最好的方法还是入仕途。例如诸葛亮，虽然是先隐而后仕，但如果只是“布衣躬耕于南阳”，就算是写出了再好的文章，也只能与茅庐一起尘封入土，化为灰烬，即使后人考古发掘出来，也不可能知道是谁写的。郑板桥虽然只当过几年县令，就回家去“难得糊涂”了，但如果没有官场的经历，也就不会有那么大的名气。陶渊明是在做过镇军、参军、彭泽令之后，厌烦了官场的尔虞我诈、钩心斗角，才回家种地的。如果他从小就隐在家里，一直隐到老，即使写出了《桃花源记》那样的名篇，

“采菊东篱下，悠然见南山”那样的佳句，恐怕也难为他人所知晓，只能烂在土堆里。由此可见，由忧而仕，由仕而隐，便成了中国古代文人的命运三部曲。

那么，文人发了那么多牢骚，有什么用处呢？楚国照样没落，唐朝照样衰败，清朝照样无能，民国照样黑暗，唯一留下的，是他们那些万古不朽的文字。

以史为鉴，可以看出，弄文与从政，隔行如隔山，犹如鱼和熊掌，不可兼得，文人若有自知之明，就应该扬长避短，找对位置，以便更好地发挥自己的聪明才智。所以，毛泽东送给柳亚子的诗云：“牢骚太盛防肠断，风物长宜放眼量。”

相比之下，西方的文人，例如美国的马克·吐温和杰克·伦敦，英国的莎士比亚和狄更斯，俄罗斯的托尔斯泰和屠格涅夫等，活得却要潇洒得多，既不必一厢情愿地忧国忧民，也不用千方百计地谋求官职，当然也就没有必要远离尘世去隐居，只要专心致志于自己的文学创作，就可以跻身于世界伟大文人之列。然而，中国的文人之路，却要坎坷得多，从“西伯拘而演《周易》，仲尼厄而作《春秋》，屈原放逐，乃赋《离骚》，左丘失明，厥有《国语》”开始，历经司马迁、杜甫、李白、白居易，曹雪芹直到鲁迅，似乎命中注定“必先苦其心志，劳其筋骨，饿其体肤，空乏其身，行拂乱其所为”，只有这样，才能具备做一个伟大文人的必要条件。只有那些面对强权而不屈，身处逆境而不馁，顽强生存而又敢于大声疾呼者，才有可能成为最伟大的文学家。一旦没有牢骚可发，或者有牢骚而不能发时，最伟大的文学家也就不复存在了，当然还可以有一些二流或者三流的文学家。

这就是东西方文化之不同。

科学家与文学家之异同

地球上有各种各样的生物，盘根错节，相互支撑，既彼此依赖，又互相竞争，组成了一个生命的共同体，这就叫“生物多样性”。如果只有一种生物，无论它如何高级，如何聪明，如何发达，如何繁荣，都不可能生存下去。社会也是一样，需要有各种各样的制度，各种各样的观念，各种各样的组织，各种各样的文化，各种各样的机构，各种各样的国家，这叫做“社会多样性”。如果只有一种组织机构，一种社会制度，一种文化艺术，一种生活模式，无论如何先进，如何强大，如何完善，如何合理，都不可能发展起来，也就不可能进步。人类也是如此，需要有各种各样的种族，各种各样的部落，各种各样的思想，各种各样的文明，这就叫做“人类多样性”。如果世界上只有一个人种，一种传统，一种信仰，一样的面孔，无论其如何完美，如何强悍，如何能干，如何精明，恐怕也很难在地球上生存下去。

由于职业的关系，我跑了许多地方，见到了不同的人种，既从事过科学研究，又撰写过科普文学，于是便常常想起科学家与文学家之异同。一般而论，科学家的目标是探索自然界的奥秘，而文学家的任务则是挖掘人们的灵魂。因为面对的对象不同，也就决定了科学家和文学家思维方式的差别。科学家研究的对象是大自然，而大自然是铁面无私、没有感情的，严格遵循着自己的规律。所以，科学家也就必须面对现实，实事求是，从复杂纷纭的现象中去寻求其内在的联系和规律。文学家描写的对象是人类，而人类头脑复杂，感情丰富，而且喜欢伪装自己，总是把最关键的东西深深地埋藏在心底。因此，文学家也就只好迂回曲折，察言观色，从繁杂琐碎的小事中去揣摩人物内心的东西。所以，当科学家驰骋于自己的研究领域时，即使遇到再大的艰难险阻，他们也总是勇敢面对，因为他们必须忠于客观事实，来不得半点的虚构和粉饰。但是，当文学家沉醉于自己的构思与创作时，其心情却往往是非常复杂的，因为他们面对的是人们的内心世界，挖掘得越深，越会觉得隐晦曲折，阴森可怖。

大约正因如此，科学家的性格往往是透明直爽，直来直去，喜欢以简单明了的语言，去描述一个非常复杂的事实。例如，牛顿只用了短短数语，便说明了放之四海而皆准的万有引力定律。爱因斯坦只用了一个公式，就把相对论表达得清清楚楚。与此相反，文学家的性格却往往是深邃含蓄，藏而不露，喜欢用繁杂华丽的语言，拐弯抹角地去描写一个非常简单的故事。例如，如果给曹雪芹写一个个人简历，最多也就是几页纸。但是，他却把自己的亲身经历，变成了脍炙人口

的家族故事，洋洋洒洒地写出了几十万字的一部《红楼梦》。

然而，科学家和文学家，他们都是社会的产物，是从当时的社会环境中脱胎出来的。而人类社会，总是由统治者占主导地位的。所以，科学家和文学家一样，不管同意与否或者承认与否，他们归根结底也都是统治者的附庸或者工具。例如孔子死后若干年，当统治者觉得他的学说有利于巩固统治地位时，又被捧了出来，称之为“圣人”，而且越捧越高，成了“万世师表”。爱因斯坦虽然成就卓著，但因为是犹太人，照样遭到希特勒的迫害与驱逐，如果留在德国，同样也会进毒气室。而美国人之所以收留了他，也是看到他有利用价值，并非完全出于人道的考虑，不然的话，有那么多犹太人受到屠杀和迫害，美国人为什么不去救助呢？只有当时的中国政府，才是真正出于人道的考虑，对走投无路的犹太人敞开了上海的大门。

由此可见，从某种意义上来说，科学家和文学家，实际上都如墙头上的草，风吹草倒；或者说都是皮上的毛，皮烂毛掉，只不过是政治家手中的砝码与工具而已。其实，这也没有什么不好，而且也是现实的和必要的，科学家和文学家只有服务于人类社会，才能实现自己生存的价值。

道德仿生学

如果在大街上随便问一个人，人类是不是从动物进化而来的，只要稍有一点常识，恐怕都会点头称是。但是，如果接着问："既然人类是从动物进化而来的，那么人类的思想观念和道德体系，是否也是从动物那里继承过来的呢?"恐怕就会有人大摇其头，甚至嗤之以鼻。

在《美国随想与南极梦说》一书里，我曾提出过"行为仿生学"的奇谈怪论，那是上个世纪80年代的事。到了90年代，又冒天下之大不韪，在《北极的呼唤》一书里，提出了"社会仿生学"的大胆命题。但是那时候，我还是坚信，人类的道德观念是自己所特有的，这也正是人类与其他生物最重要的区别之一。然而，进入2000年以后，上述的信念又开始发生了动摇，因为我发现，人类的许多道德观念，实际上也与其他生物，特别是动物有着千丝万缕的联系，也许这可以叫做"道德仿生学"。在这之前，之所以把其他生物看得如此之低，

是因为犯了“大人类主义”的错误。

那么，人类的道德观念与其他生物有什么关系呢？这是一个非常微妙而敏感的问题。就拿集体观念来说吧，在人类社会里，从部落，到民族，到国家，每一个成员，都或多或少的有一种集体荣誉感，有的甚至愿意为集体而牺牲，因而被尊为英雄。例如奥运会，大家都为能争得一枚金牌而欢欣鼓舞。也正因为如此，人类才不至于一盘散沙，从而形成了大大小小各种各样的集体。因此可以说，集体观念正是形成人类社会最基本的精神支柱和凝聚力。

然而事实上，集体观念却并非人类所专有，在生物界早已存在了几千万、几亿甚至几十亿年了。例如，从最低级的细菌开始，生物就是以集体防御求生存的。到了鱼类，则是以大群在海洋中漫游，无论是前进还是后退，也无论是拐弯还是逃逸，其速度之快，步调之一致，就像是一个整体，令我们这些最高级的生物也叹为观止。

有时候，鲨鱼或者海豹会突然冲进了鱼群，大口吞食。但是，鱼群却能临危不乱，周旋自如，大部分逃之夭夭，保存了整体的实力。那些被吃掉的，就相当于人类中为集体而献身的英雄。这种牺牲少数而保全整体的策略，人类也是经常采用的。

蚂蚁和蜜蜂，是集体观念最强的生物，它们随时准备为集体而牺牲，却从不贪图什么个人荣誉。至于更高级的生物，集体观念就会表现得愈加强烈，例如北极燕鸥，敢于联合起来向北极熊进攻，而不怕被熊掌拍死。狮虎之类更是如此，它们必须依靠集体的力量而生存，捕猎时一拥而上，个个争先，绝不会因为害怕被猎物踢伤咬伤而犹豫。

到了灵长类动物，其集体观念更是充满了理性，与人类甚为相似。由此可以猜测，人类的集体观念，可能也是从动物那里演化而来的，至少会有某种程度上的联系。

当然，人类毕竟是最高级的生物，思想和行为要复杂得多，为了发扬和光大这种集体主义精神，往往要给那些为集体而牺牲的人各种各样的照顾和荣誉，这是生物界所没有的。令人汗颜的是，人类虽然采取了各种措施，又是树碑立传，又是物质刺激，以此来激发为集体牺牲的精神，却并不完全奏效，自私自利者有之，坑害集体者有之，贪生怕死者更不在少数。但在生物界，例如蜜蜂和蚂蚁，不用任何奖励，却可以毫不犹豫地为集体而死，还可以通过基因一代代地传下去。

人类中的黑帮，总是遵循着这样的逻辑，如果想当老大，就必须敢向老大挑战，如果赢了，就可以坐上第一把交椅。文人相轻，也是如此，有人刚练习书法，就说郭沫若不会写字。有人刚出了几本书，就把鲁迅贬得一无是处。有人还没有涉足科普，就把过去的科普批判得一文不值。他们都深谙此道，不打倒老大，怎么能当老大呢?

也许有人会说，如此高深的思维或者诡计，其他生物是无论如何也想不出来的，当然更不可能付诸实施。其实是大错而特错了。早在人类来到这个星球上以前，这样的争权夺利在生物界就已经使用了不知有多少年了。例如狼群，只有首领享有与母狼交配的权利，其他的雄性怎么办呢?那就只有向首领挑战，如果赢了，所有的妻妾都会归自己。从狒狒到叶猴，从海象到鲸，甚至连小小的昆虫，生存的法则都是如此。实际上，这也是自然选择的一条重要法则，即所谓的优胜

劣汰，以此来保证优良的基因能够流传下去。

人类改朝换代，太子一当上皇帝，其他的兄弟姐妹就会遭殃，有的被驱逐，有的被杀死，以便巩固自己的地位，确保自己的统治。其实，这也并非人类的发明创造。雄狮一旦成了狮王，就会到处寻找，把前一代狮王留下的后代咬死，以便传播自己的基因。印度叶猴更加彻底，新猴王一上台，就会千方百计把所有的幼猴，特别是小的公猴，统统咬死，以绝后患。蜜蜂在一窝卵里，会同时喂养几只蜂王，以防万一。但是，第一个破壳而出的蜂王，所做的第一件事，就是把其他几个还没有钻出来的蜂王咬死，以保证自己的绝对统治。

这样的事例，在动物世界中屡见不鲜，它们同样实行着“一国不能有二君”的生存法则，但比人类不知道要早多少万年。由此可见，从集体观念到大公无私，权力争斗到世代交替，这些在人类社会中都是属于高级思维，所以叫做“上层建筑”，而在动物世界里却早已有之，而且比比皆是。那么，这二者之间有没有因果关系或者基因传递呢？无非三种可能：第一种可能是，人类的道德观念和行为方式，都是人类独自发明创造的，与动物没有任何关系，之所以有某种程度的相似，只不过是巧合而已，科学上没有任何根据；第二种可能是，人类在进化的过程中，有几百万年与各种动物打交道的历史，因此耳濡目染，深受启示，为生存计，便把动物竞争的种种法则，运用到了人类社会的明争暗斗里；第三种可能是，人类的基因，是集地球上三十多亿年生物进化之大成，与其他动物的基因，并没有本质上的区别，只有程度上的差异。例如，人类的基因，与灵长类动物的基因，只有百分之几的不同，而与猪狗等的基因，也有许多相似之处。因此可以说，在我们人类的基因中，必然包含着其他动物的种种因素。而动物的行为法则，主要是通过基因传递的，即所谓的本能，后天学习的东西是很少的。所以，不能完全排除这样的可能性，即人类的生存理念和行为准则，至少有一部分是通过基因传递下来的，久而久之，便构成了人类社会道德观念和行为方式的核心和基础。只不过，人类因为骄傲自大，认为自己高高在上，从不把其他生物看在眼里，所以便以为，人类的一切思维，都是人类大脑的产物，与其他动物没有任何关系。事实上，如果割断与其他生物的联系，人类岂不成了无源之水，无本之木了吗？

也许有人会反驳说，如果连我们的道德观念和行为方式都和动物一脉相承，这岂不模糊了人类与其他生物之间的界限？辱没了我们的“人格”？实际上，因为人类是从生物中一步步地进化而来的，这种界限本来就是模糊的，人类之所以认为自己高高在上，只不过是自我感觉良好而已。

当然，人类毕竟是最高级的生物，还是有自己高明之处的。例如，人类社会的改朝换代，就要比动物世界复杂得多，要想把旧有的统治者赶下台来，决不会像猩猩或者狒狒那么容易，不知道要经过多少钩心斗角，阴谋诡计，秘密策划，信息传递。或者宫廷政变，或者武装起义，常常是生灵涂炭，血流成河，刀光剑影，人头落地，还不一定成功，弄不好就会被镇压下去。而在动物世界里，既不用串联，也不用动员，只要有一个年轻成员足够强大，经过几个回合，把原来的统

治者赶下台去，即可称王称霸，取而代之，后宫佳丽全都归自己。

又如，交配权利的竞争，人类也要比动物文明得多。人类毕竟是最高级的生物，必须讲点人道主义，皇帝或者国王虽然可以有三宫六院七十二贵妃，后宫佳丽不计其数，但也不可能把天下所有的女人都攫为己有，而让其他国民都打光棍，剥夺其性交和繁殖的权利。如果那样，天下非得大乱不可，也就难以维持其统治。但是在生物界，则完全按照大自然的规律办事，优胜劣汰，尽管看上去有点残酷，却从来不讲什么主义。

《西游记》里的关系学

俗话说，少不看《三国》，老不看《西游》。这大概是因为，《三国》多于谋略，写的是大人们如何钩心斗角，玩弄权术，情节复杂，孩子们看不懂。《西游》写的是上天入地，降妖服怪，生动活泼，容易引起孩子们的兴趣。而老人们见多识广，更加现实，对想入非非的东西自然也就失去了兴趣。但是，现在似乎有所不同，据说许多孩子都在看《三国》，因为社会竞争日趋激烈，连上幼儿园都要走后门，孩子不讲究点谋略也不行了。而现在的老人们呢，大多有了可靠的饭碗，没有什么后顾之忧，日子过得挺舒服，为了休闲，换换脑子，看看《西游》也许会增加一点生活的情趣。

已经想不起来我是什么时候看过《西游记》的，但却记得清楚，那时尚未涉足社会，所以看不懂其中的含义，只是觉得很热闹。转眼几十年过去了，现在老之将至，虽然没有重读《西游记》的愿望，却

也常常想到其中的几个人物，以及他们之间相互的关系。

当我躲进北冰洋岸边的一间小木屋里的时候，忽然觉得一阵轻松，飘飘然如腾云驾雾。究其原因，发现并非身体上的原因，而是心理所致，仿佛跳出了人类社会，摆脱了原有的一切约束，就像是孙悟空突然去掉了头上的紧箍咒。于是想起了唐僧，其实并没有什么真本事，全靠三个徒弟和一匹白马一路保驾，离开了孙悟空就寸步难行，但却对孙悟空不放心，给他戴上了紧箍咒，动不动就念咒语。唐僧之所以固执己见，有恃无恐，因为有两个后台给他撑腰，那就是如来佛和玉皇大帝。于是又想起了玉皇大帝和如来佛的关系，不知谁大谁小，是朋友还是上下级。

据说玉皇姓张，看来是中国籍。而如来佛身在西天，老家可能是印度。两人同为神仙，但却性格迥异。玉皇大帝住在天上，高高在上，居高临下，不食人间烟火，性格却很暴戾，成天耀武扬威，动辄大发脾气，贬谪天蓬元帅，痛打卷帘大将，威风凛凛，杀气腾腾，但却制服不了孙悟空，被一个小小的弼马瘟闹得天翻地覆，最后只好向如来佛求助。而如来佛却坐在地上，总是笑眯眯的，对调皮捣蛋的孙悟空，既不派兵镇压，也不责罚训斥，而是略施小计，就把孙悟空抓在了自己的手心里，压在五行山下，等待新的任务。

其次是三个徒弟，关系也很复杂。孙悟空火眼金睛，武艺超群，出生入死，忠心耿耿，总能救师父于危难之中，但却与师父搞不好关系，几次被念紧箍咒，还被赶回了花果山，吃亏就吃在坚持己见，性格太直，疾恶如仇，锋芒毕露，不会韬光养晦之计。

可惜天篷元帅，因为投错了胎，基因出了问题，长出了猪头人身子。虽然智商不高，却会施点小诡计，周旋于师父与师兄之间，从中谋点小利益。但也并非坏人，喜欢要点小聪明而已。真到关键时刻，也能抡起耙子拼打上一阵子，但却从不恋战，一见形势不妙，就会溜之大吉。

最忠厚老实的是沙和尚。也许因为曾经是卷帘大将，在玉皇大帝身边待得久了，受到长期熏陶的缘故，学会了动心忍性，见机行事，所以能任劳任怨，顾全大局。但是，伴君如伴虎，只因在蟠桃会上失手打破了玻璃盏，便被重打八百大板，贬到了茫茫的流沙河里，被唐僧收来做徒弟。沙僧负责挑行李，同时兼做保镖，师父遇到危险，便会挺身而出，并且深明大义，是唐僧，悟空和八戒之间不可或缺的黏合剂。

最后，因为保驾有功，三人皆得正果。悟空战功赫赫，被封为斗战胜佛。沙僧任劳任怨，被封为金身罗汉。只有八戒差一点，被封为净坛使者，听起来像是个打扫卫生的。

至于那些妖魔鬼怪，大致可以分为两类：一类是草莽贼寇，土生土长，兴妖作怪，占山为王；另一类则是各种宠物，因为一人得道，鸡犬升天，也便成了神仙，长期跟着主人，学得一些法术，一有机会溜回下界，就会兴风作浪，无法无天。因为这两类妖怪的出身不同，它们的下场也大不一样，前者都被斩草除根，彻底消灭，例如白骨精；后者却又被收回天上，继续过神仙的日子，至于它们作恶多端，也就只好既往不咎，下不为例。

《西游记》是部虚幻小说，大部分人物都是虚构的，只有一个确有其人，那就是唐僧。唐僧不畏艰险，长途跋涉，冒死到西天去取经，是中外文化交流史上的一件大事。但是在小说里，他却成了敌我不分，独断专行，没有主见，很容易受骗上当的糊涂虫。实际上，当年的玄奘，是冒着杀头的危险，冲破大唐的禁律而离境的。但在小说里，他却是奉皇帝的圣谕去取经。唐僧全凭自己坚忍不拔的毅力和百折不挠的决心，吃尽了千辛万苦才到达了天竺。小说里却说，这全是因为有了神仙的保佑和弟子的相助。真是黑白颠倒，喧宾夺主。尽管如此，《西游记》仍不愧为一部伟大的著作，因为这是小说，不是历史专著。包公的故事也是如此，人们痛恨贪官污吏而又无能为力，只好想象出了一个包公来为民除害，伸张正义，虽然有点阿Q精神，但也可以聊以自慰，至于真正的包公是什么样子，到底干了什么事，很少有人去深究。同样的，人们厌恶邪恶势力，便塑造出了孙悟空来抑恶扬善，虽然有点脱离现实，但却从中得到了乐趣，至于玄奘怎样到达西天，遇到了哪些艰难险阻，又有谁会真正在意呢？由此可见，人们有时候会宁愿喜欢假的，而不在乎真的，止如一个演员，演老太太很像，便会成为明星，走到哪里都会有追星族。但是，当一个真的老太太走过来时，大家却都一哄而散了。

在老言老

俗话说，在商言商。现在，“在商言商”的人比比皆是，因为“商人”是愈来愈多。据说我们正在步入老年社会，也就是说，老年人愈来愈多。但是，“在老言老”者却很少，大概是因为大家都不喜欢老。

1981 年，我第一次到美国，住在白人朋友内尔和白荑家里。内尔和白荑都已经是快 60 岁的人了，却从来不言老，而且正在计划着未来的事业。他们在亚利桑纳买了一块地，要到那里去盖房子，想退休以后，搬到那里去住。那时候，我对他们的精神非常佩服，觉得很是了不起。我们中国人，到了他们那把年纪，就会认为黄土已经埋到了脖子，不仅“老”字不离口，还常常会把“死”当做口头禅，拿来就饭吃。然而，老还是要老的。白荑已于 1985 年去世。内尔现在 80 多了，老态龙钟，步履艰难，也还是不言老，每次见面，还总是滔滔不绝地

谈论着他对世界的看法。这就是东西文化之不同，但我觉得他们有点阿Q精神，或者是一种“鸵鸟政策”。

后来到了北极，感触更加深刻。爱斯基摩人不仅不言老，而且连想也不想，他们对于死是很坦然的，仿佛遵循着“活着干，死了算”的生存哲学。有个爱斯基摩老朋友阿纳德·布洛瓦（Arnold Brower），已经82岁了，还经常出去打猎。他老两口生了17个孩子，比一个班的士兵还要多，而且都长大了，受到了很好的教育，生活得很不错。当然，老太太为此付出了沉重的代价，老了以后身体很差。但是，阿纳德从不觉得苦，总是乐呵呵的。直到现在，他大部分时间都是一个人生活在野外，捕鱼，打驯鹿，不仅自己吃，还给别人提供食物。有一年春天，他在追逐驯鹿时掉进了冰窟窿里，挣扎了两个多小时才爬了上来，却一点也没有觉得害怕，因为对他来说，这就是生活。

我也学了美国人的样子，很少言老，尽量不去想老，甚至不承认老。不过，事实总归是事实，现在60多岁了，胡子已白，头发渐稀，老眼昏花，记忆减退，皮肤发皱，身体浓缩，再采取阿Q精神或者鸵鸟政策，已经有点不合时宜，所以只能在老言老，面对现实。

2002年，我第八次来到巴罗，想写几本书。老伴陪着我，她是第二次进北极。我们每天大约工作8到10个小时，包括周末和节假日，往计算机里敲资料和文字。我们住在一栋木头房子里，位于北美洲大陆最靠北的地方，北边就是北冰洋。因此，我们两个是居住在北美大陆（不算岛屿）最靠北的夫妻，再往北就没有人家了，南面也是很远才有居民，是真正的二人世界，只能我看看你，你看看我。

作家不会浪费时间，每时每刻都要考虑创作，除了睡觉，无法解脱，甚至做梦都在构思。但是，生活是一个万花筒，不可能只有工作，也不可能用写作去占据全部的生活。有时候，因为过于孤单，就会陷入郁闷而情绪低落。特别到了极夜，黑暗、寒冷、孤独、寂寞，没完没了的暴风雪，心理承受能力常常达到极限，万一崩溃，就会成为精神病患者。每逢这时候，就会渴求刺激，希望能做点什么事来分散一下自己的注意力。

美国人喜欢幽默，把成天坐在沙发上不动的人，叫做“长在沙发上的土豆”。我们坐的是椅子，但却不能成为“长在椅子上的土豆”，每天必须坚持运动。外面经常是大雪纷飞，气温在零下几十度，有时候还有北极熊光顾，所以很少出门，大部分时间只能躲在实验室里，最方便的运动是走路。实验室里有个走廊，楼道似的，长约 20 米，一个来回 60 步，需时 35 秒钟，一个小时大约走 7 000 步。我们每天两次，每次半个小时，走起来精神集中，挺胸收腹，不仅可以改善睡眠，还可以思考问题。老伴说，看见我走路的样子，就会想起华子良，我想也有道理，因为这里虽有自由，却也不能出去，常有饥肠辘辘的北极熊，不一定藏在哪里，一不小心落入它们的怀抱，就会成为它们的口中餐，死无葬身之地。当然，这里比监狱好得多，没有荷枪实弹的看守，只有老两口互相照顾。

还有一种运动，就是打乒乓球。旁边有个体育中心，是为学生准备的，我们也可以去，但是不常开。我以前没有打过乒乓球，只能活到老学到老，从头学起。老伴则是教练兼陪练，一面对阵一面指教。

谁知，打了一阵之后，凭着一股蛮劲，竟能“青出于蓝而胜于蓝”，打得老伴只有招架之功，少有还手之力了。于是嚣张起来，想打国际比赛。体育中心的值班员，是个大胖子，叫戴卫，走起路来整座房子都为之颤抖。他每天和我打15到20分钟，时间一长就喘不过气来了。戴卫是横拍削球，打出的球既旋转又刁钻，开始我总也接不着，所以他很得意。后来慢慢习惯了，渐渐打成了平手。再后来似乎还占了点上风，自感略胜他一筹，常能打他个措手不及。

作为一个老运动员，渐渐也有了一点心得体会：就是打乒乓球是一种很好的运动，不仅锻炼了身体，而且还有利于脑、眼、手、脚及全身的相互配合和协调，所以要集中精神，可以调整情绪。人老了，身体各个部分都会衰老，因而配合欠佳，反应迟钝，思维滞后，动作也就没有以前那么敏捷了。打乒乓球有可能改善各个器官之间的相互配合，提高思维灵敏度，延缓衰老的步伐，激活青春的活力，可以说是好处大大的。

然而，打乒乓球受到场地和器材的限制，因而有人喜欢打拳，只要有块空地，就可以比划一阵子。但是，打拳有个误区，许多老年人都喜欢打太极，我认为是错的。太极拳节奏太慢，几乎不用脑子，眼睛也派不上什么用场，所以叫“瞎子摸鱼”。打起来慢慢吞吞，昏昏欲睡，愈加显得老态龙钟，暮气沉沉。因此我建议，老年人应该学打猴拳，以便焕发精神，激发起全身的活力。青年人应该打太极拳，以便脚踏实地，收心养性，谦虚谨慎，冷静思考，克服飞扬浮躁、急于求成的情绪。这就叫做反其道而行之。

风语与风语者

北极的风是连续的，几乎没有停息的时候，即所谓的“一年一场风，从春刮到冬”。但这并不是说，北极的风没有节奏感，而是恰恰相反，它有明显的规律性，大约7到10天一个周期，大刮几天，然后减弱，波浪式的，而且并不对称，大风的时间长，小风的时间短，如果画一条曲线，波峰要比波谷宽。

这几天，大约因为冬天将至，北风开路，刮得特别凶猛，一直吹到了北京。儿子发来电子邮件说，他和同学去坝上草原，竟碰上了鹅毛大雪。他们只穿单衣，冻得直哆嗦，不过很高兴，说是北极的大风，遥遥数千里，把北极和北京连在了一起。

从前天下午开始，大风呼啸，铺天盖地。北冰洋里波涛汹涌，逐浪排空。我们住的小木屋，被吹得颤颤抖抖，摇摇晃晃，变成了摇篮和震动床。晚上躺下，心情惴惴，担心电线被吹断，我们将陷入危险

之中。结果不幸言中，早晨4点多忽然被冻醒，一看四周一片漆黑，果然已经停电。而狂风势头正劲，还在加强之中。我们赶紧起床，翻箱倒柜，把所有能盖的东西，全都堆到床上，然后钻进去，压得几乎喘不过气来。被窝却总是冰凉，仿佛睡在冰窖里。辗转难眠，侧耳倾听，外面的风声一会儿大，一会儿小，一会儿高，一会儿低，一会儿大声怒吼，像是在呼喊；一会儿低声呜咽，像是在哭泣；一会儿高亢激越，像是在争辩；一会儿慢声细语，像是在倾诉。于是在心里暗暗捉摸，这北极的“风语”到底在说些什么。

北极虽然荒凉，但却并不沉寂。夏天走进草原，可以听到百鸟争鸣，比赛似的，有的尖声怪叫，有的声嘶力竭，有的引吭高歌，有的婉转动听。但是，如果仔细倾听，就会发现，不同的鸟类，有着不同的叫声，而且使用着不同的频率，演唱着“百鸟朝凤”。为什么会有如此的区别呢？首先是由于各自的发声器官构造不同，其次也是生存所必须。鸟的鸣叫，固然在于彼此联络，互通讯息，但是最重要的目的，还在于谈情说爱，繁殖后代。而在北极，交配的季节是非常短暂的，必须争分夺秒，寻找伴侣。如果不同的鸟类叫声相似，就会产生听觉上的错误，鸣叫了半天，好不容易地招引来了一个异性，一看却不是自己的同类，无法成亲，不仅浪费了宝贵的时间，而且也影响了求爱者的情绪。

由此推而广之，所有的动物，当然也包括人类在内，只要能发声的，都有自己独特的语言和叫声，一方面是为了彼此联络，另一方面也为了声明自己的存在。例如，虎啸，狮吼，狼嚎，鸟鸣，还有响尾蛇的沙沙声等，除了联络同类之外，都有警告敌人和对手之作用。当然，也有的动物不喜欢吵吵闹闹，虚张声势，而是悄然无声，宁愿偷偷摸摸地行事。所有的熊类都是如此，例如北极熊，无论走到哪里，都是默默无语，一声不吭，主要依靠其敏锐的嗅觉寻找食物，并探查周围的虚实。这大概是因为，它们觉得自己足够强大，不必再以叫声来壮胆子。

为什么会有声音？是由于物体振动的结果。为什么会振动呢？无非有两种可能，一是敲击碰撞，二是借助风力。实际上，所有动物的叫声，都是由于气流带动声带振动而发出来的。也就是说，所有动物的声音，都是以风为动力。乐器也是如此，吹拉弹唱都是物体振动，其中拉和弹是摩擦和敲击的结果，而吹和唱也是以气流为动力。所有以风为动力而发出来的声音，可以统称之为“风语”。

最近，美国正在上映一部电影《风语者》（*WINDTALKERS*），讲的是第二次世界大战中，美国从其最大的印第安人保留区纳瓦霍征召了420名纳瓦霍印第安人入伍，去当译电员的故事。密码译电员，俗称“风语者”。但是，这些印第安人并不是真正的译电员，他们只是利用自己独特的语言互相喊话，却比任何密码系统都有效，日本人根本就没有办法破译。他们忠心耿耿，出生入死，立下了赫赫战功，特别是在与日本人争夺塞班岛的战役中，发挥了极其重要甚至关键性的作用。但是，他们在战争中，不仅面临着来自敌人的威胁，而且还受到自己人的严密监视。每个纳瓦霍人身边，都有一个美国海军陆战队员当保镖，一是为了保证其安全，二是一旦有被俘的危险，就立刻将

其杀死，以免落到敌人的手里。

然而，大战结束以后，其他人都发财的发财，升官的升官，加爵的加爵，晋级的晋级，成了各种各样的英雄。只有这些印第安人被遣返原籍，回到沙漠里的保留地，默默无闻地继续过着贫困的生活。而且，他们还被强迫宣誓，对于他们所做的工作，要永远保守秘密。

半个多世纪之后，不知道是良心发现，还是为了研究历史，有人才又旧事重提，想起了那些纳瓦霍人。美国国会也一反常态，专为他们颁发了代表最高荣誉的“国会金勋章”。但是，时过境迁，悔之晚矣，他们中的大部分人早已死去，只剩下硕果仅存的4位长寿者，接受了这来之不易的证书。至于这部电影，大概是出于某种原因或者政治上的考虑，对那些印第安人战后的遭遇，根本就没有提及。

我独自一人，静静地躺在摇摇晃晃的小木屋里，侧耳倾听，北极的大风一泻千里，吹拂着苍苍茫茫的大地。断断续续的风声，时而大，时而小，时而高，时而低，像万马奔腾，像疾风骤雨，这才是真正的风语。然而，现在的角色却早已发生了转换，不再是日本鬼子听不懂纳瓦霍语，而是整个人类都听不懂，这呼啸的大风，到底想告诉我们一些什么信息。

撒谎的职业

如果说，政治家就是撒谎专家，很可能会被认为是对政治家的不恭，显然不合适，因为撒谎是贬义词。但是，在某些情况下，政治家却非撒谎不可，但又不能说是撒谎，便美其名曰“外交的艺术”。譬如，一国的元首，到别国去访问，人家问他：“你们国家现在有多少军队啊？用的都是什么武器？”他当然不能说，就只好撒谎说：“不知道。”或者说，“我也不清楚。”如果他实话实说，把自己的家底告诉别人，那就不是一个政治家，而是一个白痴。由此可见，政治家是非撒谎不可的，问题是要有艺术。例如，政治家不能胡乱撒谎，该说实话的时候还得说实话。那么，什么时候该撒谎，什么时候该说实话呢？这就要看政治家的智商和素质。

美国总统布什想攻打伊拉克，为了获得民众和国会的支持，便撒了好多谎。结果，被布鲁金斯学院的学者斯迪芬·赫斯抓住了把柄，

在报纸上一一加以评说。例如，布什说，伊拉克在6个月之内就能造出原子弹，其实毫无根据。他说这是国际原子能委员会说的，而国际原子能委员会马上出来辟谣说，他们从来都没有这样说过。布什说，伊拉克已经制造了大量的无人驾驶飞机，准备袭击美国。事实是，伊拉克正在研制无人驾驶飞机，但还没有造出来。而且，即使造出来了，也不可能飞到美国，因为伊拉克还没有那么先进的技术，怎么能袭击美国呢？白宫发言人只好出来解释说，伊拉克有可能把这些飞机，先从陆路或者海上运到美国附近，然后再袭击美国。这就更可笑了，美国有那么多侦察飞机和间谍卫星在天上飞，连地面上行人手里拿的报纸上的字迹都能看得清清楚楚，怎么可能让伊拉克把飞机运到美国附近呢？为了给萨达姆罗织罪名，布什宣布说："有证据显示，萨达姆有能力为恐怖分子提供生化武器。"并且说，消息来源是中央情报局。实际上，这是自己打自己的嘴巴子，因为美国中央情报局提供给国会的证词说："伊拉克给恐怖组织提供生化武器的可能性非常小，除非美国的攻伊计划把萨达姆逼上了绝路。"

为了给美国的反恐战争涂脂抹粉，把自己说成是救世主，布什说："阿富汗有许多女孩，在美军进驻后才第一次上学。"这就更加可笑了，实际情况是，在塔利班之前，阿富汗的女孩子，只要家长同意，都可以上学。即使在塔利班时期，仍然有许多女孩子上学。怎么能把阿富汗女孩子上学的功劳，归于美军的占领呢？为了给布什打圆场，白宫发言人出来解释说："正如总统所说的，的确有很多阿富汗女孩子，是在美军进驻后才初次上学的。"这倒是一句实话，因为每年都会有女孩初次上学，但与美军有什么关系呢？

布什痛恨萨达姆，是完全可以理解的，他的父亲老布什，就是因为忙于攻打伊拉克，而忽视了国内的经济，第二任总统竞选就输在了克林顿手里，这可以说是家仇。既然是家仇，也就可以私了，所以伊拉克副总统建议说，布什和萨达姆干脆来一次决斗，来解决他们之间的恩怨问题。这当然是不可能的，因为布什绝非行伍出身的萨达姆的对手，决斗肯定占不到便宜。而且，布什也绝不会承认攻打伊拉克是家仇，那样就成了公报私仇，他会吃不了兜着走的。所以，他一定要把这场战争与反对恐怖主义挂起钩来，披上一层合法的外衣。

事实上，布什既不是第一个，也不是唯一一个撒谎的美国总统，恰恰相反，撒谎几乎是美国总统的一贯传统。远的不提，就拿第二次世界大战之后来说吧，艾森豪威尔在 U2 飞机入侵苏联事件上撒了谎，引起了轩然大波；约翰逊在越南战争问题上撒了谎，差点被指控；尼克松在水门事件上撒了谎，被赶下了台；里根曾经编造自己解救集中营的故事，传为笑柄；而克林顿在与莱温斯基的性丑闻中，更是在法庭上当众撒谎，差点被弹劾入狱。最可笑的还是肯尼迪，他撒谎说，曾经看到一个小猪发出狗叫。如果把历届美国总统说的谎言汇集成册，编辑成一套《总统谎言大全》，一定是洋洋大观，很受欢迎。

当然，编造像小猪发出狗叫和一个解救集中营的故事这样的谎言，也许无关大局，最多会使人觉得总统也是人，他们也有胡编乱造的时候，并不总是那么冠冕堂皇，一本正经。但是，有一些谎言，不仅可能给美国，而且可能给全世界带来很大的灾难，造成很大的问题，这

就要非常慎重，三思而后行。所以，布鲁金斯学院的学者说：“每个人都有说错话的时候，这些我们能够理解。但是，布什总统似乎是故意捏造事实，这就很让人担心。他的言论关系到公共关系，关系到是否要开战，关系到谁是我们的敌人。身为一国总统，布什有责任实话实说。”

遗憾的是，这话说得虽然非常恳切，布什总统却没有办法照着去做，谎言还是要继续说下去，这是他的职业所决定的，可以叫做“职业病”。由此可见，隔行如隔山，学者和总统之间，实在是很难沟通的。不过，话又说回来，布什总统还有提高的空间，希望他能研究一下撒谎的艺术，以便能够自圆其说，提高一下自己撒谎的水平。

抽烟、喝酒与打仗

列宁曾经说过，千百万人的习惯势力，是最可怕的势力。这话是很对的。就拿抽烟来说吧，现代科学已经证明，抽烟对人类只有百害而无一利。如果从人类的整体利益出发，就应该将抽烟这种习惯彻底铲除，并把烟厂的机器拆除，熔化掉，变成钢铁，或改作其他用途，生产对人类有好处的东西。种烟草的土地，也可以空出来，种上蔬菜或粮食，以补耕地之不足。如此的好事，何乐而不为呢？但却永远也办不到。为什么呢？因为人们需要它。瘾君子们需要每天吞云吐雾，工厂主需要每天赚取暴利，而国家呢？则需要来自烟草工业的高额税收。如果烟草行业被铲除，不仅瘾君子们会大喊大叫，工厂主会大吵大闹，失业的工人会暴跳如雷，就连政府也会因为断了财路而苦恼。因此，抽烟虽然是一种坏习惯，每天都会夺去许多人的生命，但还是要抽下去，而且有愈来愈发达之势，原本主要是男人的事，现在则有

愈来愈多的女士加入其中，手持烟卷，口喷雾气，似乎成了一种时髦。

喝酒也是如此。当然，与抽烟相比，喝酒似乎还有一点好处，如果从医学上来说，喝一点酒，有活络筋骨，调节神经之功效。但是，酒自从发明出来的那一天起，就不是为了当药吃的。爱斯基摩人本来没有酒，他们靠吃肉而生存，从来不懂也没有办法用肉来造酒。酒是后来白人带给他们的，却造成了极大的社会问题，许多人因此而丧命。直到现在，许多人还有酗酒的毛病，特别是女性酗酒，常常会影响婴儿的发育。

人类饮酒，已有几千年的历史，也还是有人酗酒成瘾，以至于醉生梦死。而因为喝酒打架、行凶，甚至招致交通事故的事，就更是时有发生。那么，能不能把喝酒的习惯，从人类中彻底根除掉呢？同样也是不可能的，因为有人需要借酒浇愁，有人需要造酒发财，政府则需要从酒业中征收高额税收，以支撑国家的经济。如果大家都不喝酒，既有利于身体健康，又能减少交通事故，还可以把节约下来的粮食赈济灾民，或者喂养牲畜，可谓一举几得，该有多好啊！但却行不通。而且，与抽烟相比，喝酒有着更深的根基，似乎成了文化的一部分。例如，中国的文化，就离不开酒，有多少诗词歌赋，都与酒有关系。据说，李白不喝酒，就写不出诗来，所以称为“酒仙”。由此可见，如果没有酒，我们就不会有像李白这样伟大的诗人了。因此，酒也要永远地喝下去。

美国人还有一种嗜好，就是不爱红装爱武装。例如，我的好朋友汤姆·奥尔伯特博士是个科学家，但却喜欢收藏枪支。他家有个专门

的柜子，里面储藏着各种各样的步枪和手枪。据说，美国人每年死于枪口之下的人，比在越南战争中伤亡的总和还要多。也有人呼吁应该禁枪，但却禁不了，因为有个来复枪协会，财源雄厚，人数众多，形成了一股强大的势力，可以到国会去游说。禁枪法案已经提了许多年，就是通不过。实际上，来复枪协会的背后，还有更加强大的军火财团的支持。而军火工业的大老板们，就是靠制造杀人武器发大财的，他们怎么会让禁枪法案在国会顺利通过呢？所以，在美国，尽管每时每刻都会有人倒在血泊里，枪支还是要继续泛滥下去。

恐怕，很少有人会把抽烟、喝酒与打仗联系在一起，因为前者是那样的轻松、随便，手到擒来，而后者却是那样的残酷、野蛮，血流成河。所以，抽烟，喝酒与打仗，似乎是风马牛不相及。但是，如果仔细地想一想，这三者之间，还是有相似之处的。例如，有人需要打仗，喜欢打仗，寻求那份刺激。据说，从越南战争退下来的老兵，包括一些军官在内，很难再融入美国的社会。他们觉得，除了打仗之外，没有适合他们的工作。所以，一些人干脆去当了雇佣兵，不管是为谁打仗，也不管是打谁，只要有仗打就行了。而军火工业的寡头们呢，则需要制造杀人武器以牟取暴利，如果不打仗了，他们的军火卖给谁呢？所以他们也会千方百计地挑起事端，制造矛盾，鼓动战争，保持紧张局势，只有这样，无数金钱才能源源不断地流进他们的腰包里。而且，军火工业又是世界上最盛行，最发达，最能叱咤风云，最能呼风唤雨的行业，甚至连那些总统、首相、总理、部长，也都是军火工业大老板们的座上宾，代言人或者雇佣的工具。这叫做，有钱能使鬼

推磨。因为，有些政府也需要打仗，不打仗就难以维持下去。

但是，与抽烟和喝酒不同的是，打仗可以极大地改变世界的格局，使一些国家富起来，一些国家穷下去。人类自从有史以来，拳打脚踢，棍棒相加不算，大规模的全球性战争，就已经发生了三次。第一次是殖民战争，欧洲航海国家派出船队和士兵，还有牧师和探险家，到美洲、非洲、亚洲去大肆掠夺和屠杀。他们践踏了别国的领土，破坏了当地的文化，搜刮了他人的财富，富裕了自己的国家，因此才有西方列强的迅速崛起，和殖民地人民的穷困潦倒，江河日下。这场战争打了几百年，使殖民主义者大大地尝到了甜头，因而便产生了战争和扩张的基因，并且一代代地传给了他们的子孙后代。

接着是两次世界大战，都是西方殖民主义者的后代，当然还有基因变异的日本人发动的。结果，两次世界大战，削弱了欧洲老牌殖民主义国家，美国人却从中捞到了大量好处，成了超级大国。因此，尝到了战争甜头的美国人（并不是所有的美国人）又长出了战争与扩张的基因，因而有朝鲜战争，越南战争，海湾战争，阿富汗战争，以及出兵巴拿马，占领科索沃，攻打伊拉克。自第二次世界大战以来，战争不断，生灵涂炭，没有一场战争，与美国人没有关系。

爱斯基摩人因祸得福，他们居住的土地，别人没有办法生存，因而也就成了世界上唯一一个从来也没有受过战争之苦的民族。他们自己之间没有战争，也没有受到别人发动的战争的摧残与蹂躏。也许正因如此，他们是极度善良、宽厚、平和、友好的民族。从这个意义上说，爱斯基摩人是世界上最幸福的民族。生活在他们中间，你会觉得，一切都是那样的自然、纯朴、和谐、美好，无拘无束。因此我常常想，地球上要是没有战争该多好啊！用于战争的高科技，可以用来探索宇宙，扩大人类的生存空间；用于战争的资金，可以用来发展经济，改善人类的生存条件。没有枪林弹雨，没有刀光剑影，没有血腥屠杀，没有原子弹爆炸，人类都像爱斯基摩人那样温厚友善，共同分享地球上这片极其有限的生存空间……

然而，这是不可能的，正如烟还是要抽，酒还是要喝一样，仗还是要打下去的。

地球制高点

记得看电影《南征北战》，解放军战士和国民党军队同时爬一座山。结果，解放军先爬到了山顶，把国民党打了个措手不及。国民党军队要想再爬上去就很难了，因为解放军在上面居高临下，很难被攻破，那就叫做“制高点”。由此可见，制高点是非常重要的，往往能够决定战争胜负，关系到生死存亡。

当然，现在的战争跟那时候已经完全不同了，一旦打起来，将是导弹纷飞，自天而降，遍地开花，不分前方和后方，可以说是“全球化”。那么，地球上有没有制高点了呢？有！那就是北极，或者说北冰洋。

核战略的关键，就是先发制人，这叫做“先下手为强，后下手遭殃”。当然，常规战争也有先发制人的概念，例如希特勒对苏联的突袭，但那只有战术的效果，并没有战略上的意义，决定不了最终的胜负。核战争就完全不同了，谁能先发制人，谁就有可能赢得战争。这是因为，核战争是立体战争，全面开花，几个小时就可以把一个国家打得稀里哗啦，不像常规战争那样，一打就是几个月甚至几年。

支持核战争的当然是核武器。核武器可分三大类：陆基核导弹，战略轰炸机和核潜艇。这是核战争的三大支柱，有人称之为“三位一体”。但是，陆基导弹机动性差，目标很容易暴露，而战略轰炸机必须要有机场才能起飞，而且飞行速度慢，如果遭到先发制人的核打击，大部分都会被摧毁，或者陷入瘫痪，甚至还有可能引发核爆炸，等于在自己的国土上扔了原子弹。所以，只有机动性强，隐蔽性好的核潜艇，具有出奇制胜的反击能力。由此可见，在“三位一体”的这三大支柱中，核潜艇具有超强的逃避打击的能力，是最为关键的。

而且，核潜艇既可以进行战略威慑，这就是弹道导弹核潜艇；又可以用于战术打击，这就是进攻核潜艇。这两种核潜艇结合起来，既可以摧毁敌人的战略目标，例如工业设施，军事基地，交通枢纽和大城市等，也可以完成战术打击，例如利用鱼雷，水雷和巡航导弹等进行反潜，反舰和地面攻击。这正如两个拳头，一个拳头可以击打对手，使其消耗体力，丧失意志。另一个拳头则等待时机，以给对手致命的一击，将其打翻在地，彻底丧失抵抗能力。

正因如此，世界上 5 个核大国，美国、俄罗斯、英国、法国和中国，都在实行战略转移，即把战略核力量的一部分、大部分或者全部，从陆地转移到海上。例如，英国是个岛国，面积又小，所以把战略核力量全部部署在海上。俄罗斯因为国土辽阔，回旋余地大，它的战略

核力量大约有三分之一部署在海上。美国有一半多，法国不到一半，中国正在努力，在未来 10 年到 20 年里，也将把相当大的一部分核力量部署到海上。核潜艇在世界战略中的重要作用，由此就可想而知了。战争一旦爆发，陆地上的目标有可能会被全部摧毁，大小城市，工业设施，军事机关，交通枢纽，都变成了一片废墟。只有游弋在海里的核潜艇，还有可能保存下来，对敌方进行反击，甚至进行第二波或者第三波的核打击，以夺取最后的胜利。

但是，核潜艇在大洋里航行，也很容易暴露目标。例如，机器发出的噪音，很容易被声纳系统跟踪。而且，核潜艇的温度比周围背景要高得多，核潜艇的通讯系统总会有电磁波，核潜艇在水里运动，就容易产生气泡，核潜艇的放射性，也比周围背景高等等，卫星利用声、光、电、热、红外线、放射性和雷达等探测手段，就很容易对核潜艇进行监视和追踪。因此，摆脱敌人最好的办法，就是要给核潜艇寻找一个隐蔽的场所。

北冰洋是地球上唯一的长年被浮冰覆盖着的大洋。冰盖的厚度一般为 3—5 米，厚的地方可达十几米，不仅能把核潜艇的光、热、电、红外线和放射性都掩盖起来，使得卫星从空中探测不到。而且，浮冰还会不断破裂，发出大量的噪声，使得声呐系统也无计可施，完全失灵。由此可见，北冰洋是核潜艇最理想的庇护所，将来如果爆发核大战，放在北冰洋冰下的核潜艇，生存下来的几率是最大的。而且，隐蔽在北冰洋里的核潜艇，还可以尽量地靠近敌方的领土，以最短的距离打击北半球的任何目标。因此，北冰洋也就成了全球战略的必争之地，谁想在未来的战争中保存战略力量，夺取最后的胜利，他就必须利用和控制好北冰洋。

也许，当世界爆发一场核大战的时候，只有爱斯基摩人可以置身度外，照常地捕鱼和打猎。大概不会有人向他们扔原子弹，因为成本太高，又炸不死几个人，而且也没有什么重要的目标和设施。所以可以设想，当核大战打起来的时候，爱斯基摩人就可以站在北冰洋岸边看热闹，只见导弹从冰下钻出来，从头顶上往南飞去。至于是飞到美国，中国，俄罗斯，还是别的国家，他们也搞不清楚。但是，当世界上其他地方都变成废墟、垃圾、浓烟、焦土，尸横山野，饿殍遍地的时候，也许只有爱斯基摩人活了下来，照样地捕鱼打猎，恢复了他们传统的原始生活。当然，他们最终也逃脱不了干系，放射性物质会从空中和海上飘（漂）过来，毁坏他们的家园，污染他们的食物，使他们也失去了立足之地。

人类的天敌

现在的世界上，美国是首屈一指，而且还不是中指、食指，而是大拇指，比其他指头都要强有力得多。但是，美国对此并不满足，还想让其他指头都俯首称臣，由它控制，以便握成拳头，随便挥舞，想打谁就打谁。于是我又想到了人类的大敌。

生命世界大体维系着这样的规律，动物少而植物多，高级生物少而低级生物多，大型动物少而小型动物多，食肉动物少而食草动物多，依次构成生物链或者叫做食物链，并且相互依存，保持着生态的平衡。例如，在海洋中，浮游生物是大量的，以它们为食的是小鱼和小虾，而小鱼和小虾同时又是大鱼的食物，即所谓的“大鱼吃小鱼，小鱼吃虾，虾吃沙”。实际上，虾并不吃沙，而是吃浮游生物。在鱼和虾的上层是鸟类和小型哺乳动物，然后才是大型哺乳动物。但是也有例外，海洋里最大的动物是鲸，但须鲸并不以大鱼为食，而是直接以小鱼和小虾为食。只有齿鲸，特别是嗜杀鲸，才以大型动物甚至其他鲸为食。所以，嗜杀鲸是海洋食物链中处于最高层的生物。因此，它们的数量很少，繁殖能力也很有限，如果大量繁殖，就会威胁到海洋里的生态平衡。

陆地上也是一样，植物的数量和种类都很多，形成了初级生产力，直接或间接地为各种动物提供了食物。其次是昆虫，数量非常多，单是蚂蚁，其总重量就等于人类的总重量，数量之多可想而知。其他依次是鸟类，爬行动物，小型哺乳动物，大型哺乳动物，食草动物和食肉动物。狮子、老虎等猛兽，是陆地食物链中最高层的生物，所以繁殖能力很弱，数量有限，数量多了就会把其他动物都吃完。和蓝鲸在海里的地位相似，大象是陆地上最大的动物，但却是食草动物，直接以植物为食，并不是生物链中的最高层。但是，大象以其庞大的身躯，灵巧的鼻子和强有力的四肢，并不受其他猛兽的制约，狮子和老虎等都奈何它不得，几乎没有天敌。也许正因如此，所以大象性格温和，很懂得自律，总是采取“人不犯我，我不犯人”的策略，过着悠闲自在的生活，如果狮子、老虎等猛兽敢来挑衅，它会用鼻子一卷，把来犯者摔在地上，然后再踩上一脚。也就是所谓的“把敌人打翻在地，再踏上一只脚”。

北极的情况有点特殊，海洋里除了偶尔来访的嗜杀鲸之外，又多了一个霸主，那就是北极熊。实际上，北极熊兼为海洋和陆地双方面的霸主，所以被称之为“北极之王”，但其主要活动领域，还是在海洋里。北极熊因为处在食物链的最高层，所以繁殖能力非常有限，一

胎最多能生两个，而且有一个能活下来就算不错了。如果北极熊太多，北冰洋里的海象、海豹就会遭到灭顶之灾。

于是提出了一个问题，既然处在食物链顶层的动物，并没有天敌的约束，它们为什么不能大量繁殖呢?

事实上，生活在地球上的每一种生物，无论是在数量、大小、活动能力和智力发育上，都会受到大自然严格的控制和限制，即所谓“物竞天择，适者生存”。例如，北极旅鼠的自杀，北极狐狸的“疯舞病”，以及6 500多万年以前恐龙的灭绝等，都是大自然在施展法术。至于天敌的消耗，只不过是大自然的限制措施之一。所以，处在食物链顶层的生物，因为没有天敌来消耗它们，大自然便让其在生育能力上受到严格限制，否则的话，生态的平衡就难以维持。

当然，这是指没有人类存在的情况而言的。自从人类来到这个世界上，问题就复杂了。例如，人类是全方位的杀手，几乎是一切生物的天敌，所以在食物链中，人类是高高在上，站在最顶层的生物。既然如此，那么人类的生育能力就应该比狮子，老虎，北极熊还要低。但是，实际情况却恰恰相反，世界人口的增长速度非常之快，已经有60多亿。如此下去，地球上总有一天会人满为患。那么，人类有没有天敌呢?

在原始时代，人类也不过是生态平衡中的一环而已。人类以猎取其他动物为食，同时也有可能被别的动物吃掉。那时候，狮子，老虎，熊和狼等，凡是体力上比人类强大的，都有可能是人类的天敌。但是到了后来，人类的本事愈来愈大，动物的招数却没有什么变化，所以人类便渐渐占了上风，天敌也便愈来愈少了。现在，狮子，老虎，北极熊等，不仅对人类构不成什么威胁，而且被猎杀得愈来愈少，成了保护的对象。全世界每年被猛兽伤害的人数愈来愈少，微乎其微。那么，人类是不是就没有什么天敌，可以为所欲为了呢？也不是。

人类生活在自然界，同样也会受到大自然的制约。例如自然灾害，像地震、台风、洪水、海啸和暴风雪等，也能夺去一些人的生命。但是，随着防范技术和抗击能力愈来愈强，这些灾害对人类的生存已经没有什么太大的威胁了。又如疾病：天花、伤寒、麻疹、鼠疫、艾滋病、埃博拉病毒和禽流感等，虽然大自然变着花样，不断地制造和生产出新的细菌和病毒，但人类总能找出对付的办法，化险为夷。

于是，人类有恃无恐，大量繁殖，而且贪得无厌，挥霍无度，食不厌精，脍不厌细，出门要气派，穿戴要华丽，房子愈来愈大，生活愈来愈舒服，又是电视，又是洗衣机，又是电冰箱，又是DVD，上班坐汽车，远行乘飞机，所有这一切，都要从大自然去索取，与此同时，还产生了大量的废料和垃圾。结果是，自然资源愈来愈短缺，生存环境愈来愈恶劣，人类与大自然的矛盾是愈来愈尖锐了，必然导致大自然的报复。由此可见，人类的天敌，原来就是人类自己。

作为世界上唯一的超级大国，美国也是如此，同样要受到人类社会和大自然的双重约束，不可能为所欲为，称王称霸，独断专行，横行无忌。全人类，特别是美国的当权者，应该牢牢记住这个道理。

从大法官的性骚扰到肯尼迪强奸案

愿以此文献给一位长眠在亚利桑那大地之下的美国朋友，她曾经为美国的女权运动而拼搏。

去年夏天，刚到美国，见到报纸上正在讨论大法官提名一事，连篇累牍，热闹非凡。电视新闻中，也不断播放国会议员互相辩论的镜头，慷慨激昂，义正词严。俗话说，会看的看门道，不会看的看热闹。对我这个局外人来说，不仅觉得好奇，而且还有点疑惑，于是去问那些相识的美国人。据他们说，这不过是例行公事而已，前一届大法官退休了，是个黑人，总统又提出另一名黑人来接替他。至于国会里的辩论，那只不过是装装样子，不然的话，议员老爷们吃完了饭，就该没有事干了。听了这话，我也就兴味索然了。

然而，政坛变幻，正如一部长剧，往往是曲折复杂，情节离奇，有时候还会爆出冷门来，使你目不暇接，欲罢不能。

没过多久，这件事又重新引起了我的注意。那是因为，正当大法官的提名听证会进展顺利，即将过关时，半路上突然杀出了一个程咬金，有个名叫奚尔的女教授指控说，正在被总统提名作为最高法院大法官的汤姆士，对她进行过性骚扰。

原来，奚尔曾是汤姆士手下的一名工作人员。她揭露说，汤姆士曾经不止一次地借题发挥，对她津津乐道地谈论自己性具的规模和硬度，言外之意似乎是，不信你可以试一试，当然没有直说。一个普通人，讲几句下流话，开几个低级玩笑，实在是小事一桩，不足挂齿。但是，作为一个法官，特别是最高法院的大法官来说，则就属于行为不端，不可等闲视之了。

因此，此言一出，全国上下一片哗然，国会朝野目瞪口呆，形势顿时变得复杂、微妙，而且增加了几分神秘。而汤姆士本人，则像是突然挨了一闷棍似的，不仅要为自己的能力而辩护，还要维护自己的名声，一时乱了阵脚，只有招架之功，并无还手之力了。国会之内，乱成了一片，议员们不仅为汤姆士的能力而辩论，还为他的人品而争吵。国会之外，更加热闹，舆论的焦点，不再围绕大法官的提名是否合适，而是又勾起了男女平等这个老问题。于是，女权运动者们又空前活跃起来了，组织集会，发表演说，声援奚尔，痛骂汤姆士，抗议社会不公，誓为妇女争取合法权益。

而且，这一浪潮不仅席卷美国，还扩展到了西欧和日本，妇女们纷纷挺身而出，大胆地揭露和谈论她们所受到的性骚扰。有一位女士，甚至在电视上大声疾呼说：“我们女人，不仅在性行为中总是被压在下

面，喘不过气来，而且在社会生活中，也总是受到压迫和欺辱，这种情况不能再继续下去了。”实话好说，但有点难听。她的话虽然引起了哄然大笑，却也道出了几分事实。一时间，在世界范围，掀起了一股反性骚扰热。性骚扰成了人们纷纷议论的中心话题。于是，男士们个个提心吊胆，谨小慎微，看了女士躲之唯恐不远，再也不敢上前亲热地打招呼。

我很是佩服美国人的幽默感和想象力，他们确实具有将悲剧转化为闹剧，将闹剧转化为喜剧的非凡能力。经过几个月艰苦论战之后，大法官提名一案终于尘埃落定。结果是，总统保住了面子，国会维护了尊严，汤姆士取得了职位，新闻界得到了满足，只有女教授奚尔苦不堪言，没有打着狐狸，反而惹了一身骚，有点可怜兮兮。但是，有失必有得，她被女权运动者尊崇为英雄，很是风光了一阵子。至此，这场风波就算告一段落，可以说是皆大欢喜。公众言论也就逐渐沉寂下来，大家的注意力，早已为另一个更具有刺激性的事件吸引过去。

佛罗里达海滨，有个叫棕榈滩的地方，是美国富人的度假区。这里不仅别墅林立，服务设施高级，而且就连仆人出门购物，也都开着非常豪华的车子，以免给主人丢了面子。富人们在这里极尽奢华，花天酒地，一掷千金，摆阔斗富，过着神仙般的日子。正因如此，这个地方也便成了新闻界特别注意的中心，记者想方设法，千方百计，总想从那些深宅大院里，挖出一点有趣的秘闻来。

1991 年 3 月 30 日凌晨，正是复活节的周末，有一对男女，挽着手，在海边的沙滩上散步。走着走着，便互相拥抱在一起。后来，那女的提出控告说，那个男人强奸了她。消息传开，立刻成了爆炸性的大新闻，在美国社会中，形成了一股不小的冲击波。

据报纸上说，在美国，每24分钟就有一人被杀，每6分钟就有一人被强奸，每55秒钟就有一人被抢劫，每33秒钟就有一人被攻击，每19秒钟就有一起暴力事件发生。也就是说，就在你阅读这篇短文的过程中，至少已有几名妇女被强奸，一人躺在血泊之中。那么，对于如此众多的案件，新闻界为什么熟视无睹，而偏偏对上述这一事件表现出了异乎寻常的兴趣，以至于有来自世界各地、各个国家的记者数千名，纷纷涌到棕榈滩来采访呢？其唯一的原因是，这一事件的主角，与美国最为显赫的肯尼迪家族有着直接的关系。由于一系列特殊事件和传奇故事，肯尼迪家族的一行一动，总是受到广大民众的极大关注。

威廉·肯尼迪·史密斯，是已故总统肯尼迪的外甥，其父史密斯先生，因患癌症不久前刚刚去世。在肯尼迪三兄弟中，只有最小的爱德华·肯尼迪还健在，是参议员，且与其姐夫相交甚厚，因而也就把这个外甥看成自己的儿子一样。复活节周末，他带着自己的儿子和外甥，一起到附近的一家酒吧去喝酒。在那里，31岁刚从医学院毕业的威廉·史密斯，遇到了一位30岁的女郎。于是便发生了上述的故事。

到12月开庭审判时，新闻媒介轰轰烈烈，又大大地热闹了一阵子。在这一事件面前，肯尼迪家族也空前地团结起来，甚至连早已改嫁的肯尼迪总统的遗孀杰奎林，也站出来积极声援，公开声明说，开庭时她也将出庭，以维护肯尼迪家族的团结和名誉。

我那时正在纽约，朋友中有一位学过法律的，便向他请教，请他

预测一下，这场官司的可能结局。他不屑一顾地说：“结局很明显，那女人是输定了的。”看着我大感疑惑、不解其意的样子，接着又补充说，“因为两边的实力，相差得实在是太悬殊了，肯尼迪家族财大气粗，而那女子却几乎是单枪匹马，怎么可能斗得赢呢?”

经他这一说，我倒反而更加不明白了，于是反问道：“你们美国，不是在法律面前人人平等，而法律又是像天平一样公平合理吗?”

“法律当然是神圣的。”他耸了耸肩膀说，“但是执行起来，则往往会因人而异。从理论上说，法律也是一门科学，如果不受干扰，量刑应该非常准确，就像是天平一样。但是，遗憾的是，法律是从权势中派生出来的，因而总会受到权势的影响和制约。正因如此，所以天平总是向着权势大的一方倾斜的。”

对于美国所发生的事，我总是难于理解。对于他的这一番话，我也只能是似懂非懂，半信半疑，只好拭目以待，等着看那最后的结局。

经过10多天激烈的辩论，共听取了45名证人的证词，其中也包括那名原告近10个小时声泪俱下的控诉。她说，她跟史密斯先生在海边散步时，非常轻松愉快。她甚至觉得，威廉是个很有学问而且很风趣的男子。但是，就在她要离开的时候，威廉却突然抓住了她，对她发动了性攻击。而史密斯则作证说，这一事件，自始至终都是那个女人采取主动，只是在做爱过程中，他不小心叫出了一个前女友的名字时，那女人才突然反目，扬言给他好看。

检察官认为，根据佛州法律，在性行为中，女方有权说“不”，史密斯不尊重女方说“不”的权利，所以应该被起诉。而辩方律师则认为，如果在开始之前，女方说“不”，而男方硬要强求，则会构成犯罪。但是，如果正在神魂颠倒，灵魂出窍，我中有你，你中有我的关键时刻，女方突然冒出一个“不”来，这不仅会使男士措手不及，进退维谷，而且，在那种激烈冲动的情况下，也不大容易理解这个“不”字的确切含意，到底是不想进行下去了呢？还是呼吁不要停止呢？所以不能构成犯罪。

一位生物学家，在报纸上发表了一种更有意思的看法。他认为，若从生物进化的观点来看，雄性动物，当然也包括男人，总是有一种想将自己的基因，尽量多地传播给更多的雌性的强烈愿望。所以，自人类社会形成以来，通奸和强奸屡禁不止，成为一种普遍现象，这实在没有什么可以大惊小怪的。真是公说公有理，婆说婆有理。

就在控辩双方争执不下的时候，有一个人的证词起到了关键的作用，他就是华裔神探李昌玉。李博士作证说：“原告声称，被告在草地上强奸了她。但是，在她提供的乳罩和内裤上，却找不到任何灰尘，泥沙，草屑，或拉扯过的痕迹，按照常理来说，这是不可能的。”结果一锤定音，由四女两男组成的陪审团，只用了77分钟，便否决了原告的所有指控，而判史密斯无罪。这一判决来得是如此之快，甚至连史密斯本人也欣喜若狂，大感意外。

一场激烈的争斗，就这样突然地结束了。正如一场体育比赛，虽然胜负已定，但人们照例还是要评论上几句。有人说，他们从来也不认为肯尼迪家族的任何成员会被定罪；也有人说，那女人所提出的指控很难令人信服；而纽约一位颇具影响的女士，则采取了一种各打五

十大板的立场。她说："原告的背景，是一向乱搞男女关系，而被告的家族，则是从来也不知道如何拉上自己裤子的拉链。"据权威人士分析说，在美国公众中，她的这一评论，是具有相当代表性的。

按理说，无论是胜者的欢乐，还是败者的愤怒，都与我无涉。但是，不知为什么，我却总是有一种不太满足的感觉，倒不是因为幸灾乐祸，而只是一种心理效应而已。正如观看一场拳击，如果双方势均力敌，观众自然会感到某种满足。而如果双方实力相差太大，上场之后三拳两脚，弱者便被打翻在地，动弹不得，这时候，人们很容易就会将对胜者的赞扬，转变成对于弱者的同情。于是我又想起了美国朋友的那句话：天平总是向着权势大的一方倾斜的。如果把原告和被告的社会地位颠倒一下，这场官司的结局很可能就会大不一样。对于这一点，辩方律师的话可以说是作了最好的注释，他说："史密斯很幸运，他的家花得起钱，可以得到最好的辩护，否则的话，他会身陷囹圄的。"还有人深表惋惜说："那个女人真傻，在她提供证据之前，先到草地上去滚一滚，抓一抓，这场官司不就赢啦!"

圣诞节快要到了，街上的行人骤然增多，有的忧郁，有的欢乐，有的喧闹，有的沉默，有的行色匆匆，有的悠闲自得。我也收拾行装，准备离开纽约。算起来，我来美国多次，已经呆过几年了，但对许多事件，仍然觉得高深莫测，难以琢磨。就拿这两件案子来说吧，奚尔所面对的是强大的总统和国会，而那个女人的对手，则是一个极为显赫的家族，难道她们挺身而出之前，就不考虑考虑后果？但她们却能勇敢地站出来，奋力一搏，尽管都以失败而告终，但那决心和勇气，实在令人佩服。由此可见，在美国，要达到在法律面前人人平等这一目标，显然还有很长的路。

于是又想起了一位美国朋友，她也曾经为美国的女权运动而奔波，现在正长眠在亚利桑那州的山坡上，便提笔写了以上的文字，也算是对她的纪念吧。

两个世界

每个人都有两个世界，即物质世界和精神世界，或者说是现实世界和虚拟世界。现实世界是客观存在的，耳闻目睹，看得见，摸得着，一切都是实实在在的，每时每刻都要和它打交道。精神世界却是看不见，摸不着，想入非非，虚无缥缈，只存在于每个人的脑海里，只要不说出来或者写出来，别人是不可能知道的。

人首先接触到的是物质世界，一生下来就知道吃喝拉撒睡，不舒服就哭闹。但是那时候，还谈不上什么精神世界，脑子基本上是一片空白。长大了以后，就知道要吃好的，穿好的，追求安逸与享受，有了想望和追求，思想愈来愈复杂，于是便有了精神世界。所以说，物质是第一位的，精神是第二位的。如果人一生下来，就关在黑屋子里，只能活命，接触不到外面的世界，大概也就不会有什么追求和想望了。但是，如果人类没有追求和想望，也就不会去探索，去奋斗，也就没

有今天的物质文明和精神文明。也就是说，物质世界诱发了精神世界，精神世界反过来又创造了物质世界，这就是所谓的“精神变物质，物质变精神”。由此可见，两个世界是互相联系，相辅相成的。因此，人们既要在现实世界里挣扎，又要在精神世界里摸索，这就是生活。

有一天在北冰洋的冰盖上，和爱斯基摩人一起捕鲸，体验生活。看到他们那泰然自若的样子，又引起了我对苦与乐的思索。他们冒着零下几十摄氏度的严寒，住在简陋的帐篷里，吃着生肉，喝着凉水，等着鲸的到来，一等就是几个星期，既要面对暴风雪的威胁，又要提防北极熊的袭击，不分白天和黑夜，都要盯着茫茫的大海，一天只能睡几个小时。而且，帐篷里寒气逼人，冻得要死，不能刷牙，不能洗澡，上厕所是最大的难事，冻得连裤子都提不上。在我们看来，这样的日子，真是难以忍受，苦不堪言，但是他们却乐此不疲，年复一年，觉得这是一种难得的享受。同样是人，为什么会有如此决然不同的感受呢？归根结底，就是因为我们所面对的物质世界，和他们是大不一样的。他们从小就要学习打猎，打不到猎物就没有东西吃，所以再苦再累也得忍受，久而久之，便成了一种乐趣。正如农民种地一样，别人看来确实辛苦，他们却能乐在其中。记得小时候，每年收麦子时，每天起早贪黑，又苦又累，但却觉得，那是一年中最快活的时光。由此可见，苦和乐虽然是精神世界的一部分，最终还是由物质世界决定的。

尽管有人飞黄腾达，花天酒地；有人腰缠万贯，醉生梦死；有人衣来伸手，饭来张口；有人叱咤风云，呼风唤雨，但这都是极少数。

对绝大部分芸芸众生来说，生活都不容易。所以，佛祖认为，人生有七苦，即“生、老、病、死、爱别离、怨憎会、求不得”。其中，前四苦是客观规律，不依人的意志为转移，自己左右不得。而后面的三苦，却是人为的，完全是精神世界的产物，是心理活动的结果。人一生下来就知道要受苦，所以第一件事就是号啕大哭。但是，哭过之后，还是要活下去，马上就会找奶水吃。后来，随着精神世界的创建，苦也就越来越多，怕鬼、怕病、怕老、怕死，提心吊胆，备受折磨。不仅如此，与心爱的人分手，便会“感时花溅泪，恨别鸟惊心”。与怨恨的人相遇，就会怒发冲冠，双目圆睁，仇人相见，分外眼红。

然而，苦难最为深重的，还是这最后一苦，就是“求不得”。人是一种永远也不会满足的动物，而在这个世界上，各种引诱又实在太多，钱愈多愈好，权愈大愈好，房子愈气派愈好，衣服愈华丽愈好。甚至连这个“好”字，也是不满足的产物。在由男人主导的社会里，有权有势者看到漂亮女子，就会说：“好！好！愈多愈好！”于是“女子”便成了“好”的代名词，皇帝有三宫六院，七十二贵妃，还是不满足，还要寻花问柳，寻求刺激。但是，世界上的财富不可能都集中到一个人的手里，世界上的权力也不可能都由一个人掌握，而世界上又总是美女如云，实在太多，一个人的体力和寿命都很有限，不可能把所有的女人都攫为己有。而且，如果所有的财、权、色，都被一个人所占有，“求不得”的人就会更多。由此可知，世界上几乎所有的人，每个人几乎所有的时间，都是在“求不得”的阴影笼罩之下。梦寐以求而得不到满足，痛苦之状可想而知。于是，有人升官发财，灯红酒绿。有人穷困潦倒，颠沛流离。有人遁入空门，诵经念佛。有人隐居荒野，逃避现实。

那么，什么样的人生才算是幸福的呢？仁者见仁，智者见智，不同的人，可能会有完全不同的理解和诠释，例如，爱斯基摩人的幸福观，与我们就是大不一样的。但是，有一点可以肯定的是，无论是富有还是贫穷，也无论是大官还是老百姓，只有自己满足，才会感到幸福。

所以说，知足者常乐。

世外桃源与伊甸园辩

人们常常把中国的世外桃源和西方的伊甸园混同起来，其实完全是两码事。

伊甸园源自《圣经》，是上帝赐给人类居住的乐土。开始只有亚当，是个男的。后来上帝见他实在寂寞，便大发慈悲，又造了个女人夏娃与他相伴，从此便麻烦不断，完全辜负了上帝的一番好意。虽然不能说，人类就是邪恶的化身。但是，邪恶却像影子一样，伴随着人类的足迹，人类走到哪里，邪恶就会跟到哪里。伊甸园创建之初，作为人类社会的雏形，就有了自私和欺骗。然而，《圣经》里却不这样讲，而是把责任推到蛇的身上，让蛇来当替罪羊，是蛇教唆夏娃去偷吃禁果，从而种下了邪恶的种子。夏娃与亚当因为欺骗了上帝，因此受到了惩罚，被从伊甸园里赶了出去。但是，江山易改，本性难移，后来愈演愈烈，发展到钩心斗角，争权夺利，他们的儿子又互相残杀，从此便埋下了人类互相残杀的种子。不过，平心而论，我们人类却都应该感谢那条蛇，如果没有它，亚当和夏娃也就不会去偷吃禁果，而我们人类的眼睛就会永远模模糊糊，恐怕到现在还是看不清楚东西，根本就不可能知道自己的身体是什么样子，当然也就不知道羞耻，不会懂得穿衣服，时装设计师也就没有什么事情可做了。

与此不同的是，世外桃源却是空穴来风，完全是人想象出来的，“罪魁祸首”就是陶渊明。1 500 多年以前，陶老先生在他的《桃花源记》里，描写了一个坐落在一条溪流源头的村子，村民们都是秦朝先民的后裔，为了躲避战乱而逃到了这里。因为与世隔绝，无法与时俱进，所以依然沿用古训，繁衍生息，自得其乐，相安无事，没有战乱，没有徭役，没有赋税，没有贫富，当然也就没有阶级斗争。人们相亲相爱，互相帮助，人人有事做，家家有饭吃，平等和谐，无忧无虑，后人则把那个村子叫做“世外桃源”。

一石激起千层浪，自陶渊明之后，不知道有多少人梦想着能找到一个世外桃源；不知道有多少人，梦想着能创造一个世外桃源；不知道有多少人，梦想着到世外桃源里去居住；更不知道有多少人津津乐道、添油加醋，在描述着自己心目中的世外桃源。但是，1 500 多年过去了，却没有一个人是成功的。那么，世外桃源到底有什么好处？为什么会有如此大的吸引力呢？要想回答这个问题，首先必须弄清楚，所谓的世外桃源到底是什么样子。

实际上，随着时代的变迁和社会的进步，人们对世外桃源的要求也会是不大一样的。古人的想象暂可不提，作为一个现代人，如果让

大家来选择一个自己想象中的世外桃源，我想很可能会有如下的模式：没有战争，没有污染，没有腐败，没有暴力，没有欺诈，没有犯罪，没有色情，没有吸毒，没有贫困，人人有钱花，家家有饭吃，当然还要有楼房、汽车、电视和洗衣机。当然，年轻美貌的异性也是不可缺少的。这样的地方存不存在呢？回答是否定的，因为战争的阴云笼罩着全球，暴力的魔掌威胁着人类，贪污腐败已是各国的通病，环境污染更是无孔不入，至于欺诈、犯罪、色情、吸毒和贫富悬殊等弊端，更是司空见惯、比比皆是。

如果我们放弃极端的理想主义，回到客观现实，在当今的世界上来寻找一个最接近于上述条件的地方，有没有呢？回答应该是肯定的，那就是位于北极圈以北的阿拉斯加北坡自治区。这里离战争最远，即使再打一次世界大战，恐怕战火也不会殃及到这块土地；这里污染最轻，相对来说无疑是世界上最干净的地方；这里没有腐败，因为没有这样的土壤；这里很少暴力，因为用不着暴力就可以解决问题；这里也有犯罪，但却非常稀少；这里也有吸毒，只是极个别的；欺诈和色情基本没有；虽然贫富也有差别，但与世界其他地方比起来，只能是微不足道、小巫见大巫。而且在这里，是人人有钱花，家家有饭吃，既有楼房，也有汽车，也有电视，也有洗衣机。而且，爱斯基摩姑娘和小伙子，也是非常可爱的。

当然，可能有人会说，你说的那个地方，也许勉强可以算是世外，因为那是人类社会的边缘。但却没有桃源，因为那里没有树，怎么能算是世外桃源呢？这倒也是真的。也许还有人会宣称：那里再好我也不去，因为我怕冷，而那儿一出门就得被冻死。这倒也确有其事。但是，人类发展到现在，像陶渊明想象的那样的世外桃源，早就已经不复存在了。如果你真想找一个类似的地方，北极可能是唯一的选择，要是怕冷，可以多穿一点衣服。

天堂与地狱

人类生活在地球上，却又总也不满足，便想象出一个天堂来，想到那里去享福。但也知道，有生之年是去不了天堂的，所以只好寄托于死后，让灵魂到天上去团聚。可是，如果大家都挤到天堂里，肯定会人满为患。而且，好人活着的时候，深受坏人之害，所以死了以后，不愿意再跟他们搅在一起，只好分道扬镳，各走各的路。如果让坏人也进了天堂，岂不便宜了他们，弄不好还会把天堂闹得天翻地覆。所以，为了保证天堂一片净土，便又想象出一个地狱来，以便惩罚那些作恶者，让他们的灵魂到地狱里去受苦。然而，地狱同样也是不存在的，坏人深知这一点，对于死后的事，根本就不在乎，所以照样横行无忌，杀人越货；照样贪污腐败，无恶不作。由此可见，天堂和地狱之说，只不过是阿Q精神胜利法，解决不了实际问题，世界照样还是老样子。但是，尽管如此，世界上几乎所有的民族文化中，都有自己的天堂和地狱，阿Q精神是全人类的共同财富。

但是，由于生活环境不同和文化背景的差异，不同民族所想象出来的天堂和地狱，是不大一样的。西方人认为，天堂最大的好处是人人平等，没有阶级，大家都是兄弟姐妹，不论官阶，不论辈分，其乐融融，都是上帝的儿女，生活在一个大家庭里。但是，我们祖先想象中的天堂，却是上下有别，等级森严，君君臣臣，不能越雷池一步。当然也有相同之处，大家都把天堂放在了天上，而把地狱放到了地下，只有爱斯基摩人反其道而行之，因为他们那里太过寒冷，所以便把天堂放到了地下，比较暖和。而把地狱放在蓝天上，高处不胜寒，以便让坏人的灵魂去受冰冻之苦。

天堂里面，都有个上帝，而且都是至高无上，握有决定人间命运的权力，这也是东西方观念的相似之处。但是，相比之下，东方的上帝似乎更加超脱一些。玉皇大帝峨冠博带，高高在上，不食人间烟火，只听灶王爷的汇报，从不深入基层，不大关心人间琐碎小事。只有当孙悟空大闹天宫，搅得他不得安宁时，才龙颜大怒，派天兵天将去围剿。然而，西方的上帝事无巨细，小到婚丧嫁娶，大到攻城略地，都事必躬亲，有详尽的指示，而且顺我者昌，逆我者亡，唯我独尊，大搞个人崇拜，稍有冒犯就会还以颜色。到了基督教时代，方才认识到过去的教规过于严厉，开始提倡宽容，但又有点矫枉过正，主张如果有人打你的左脸，那就把右脸也伸给他，但却很少有人能做得到这一点。也许正因如此，所以犹太人不相信基督，依然遵循《旧约》的教条，对巴勒斯坦人大开杀戒。

天堂和地狱，本来都是人们想象出来的，为了死后能有个去处，人们却总是希望能把天堂变成现实。但是，要把地球变成天堂，绝非一件容易的事，因为人与人，国与国，民族与民族，种族与种族之间，各种矛盾纵横交错、尖锐复杂，而且谁也不肯让步，都想捞取最大的好处，几乎是不可调和的。然而，令人们望而却步的地狱，却似乎愈来愈近，正在一步步地变成现实。如果再打一次世界大战，那无疑将是一场核大战，地球就将面目全非，一片焦土。同样的，如果环境像现在这样被毫无节制地污染下去，地球也将乌烟瘴气，满目疮痍，变成一座活地狱。这并非耸人听闻，痴人说梦，只要环境继续恶化，或者有几个战争狂人，按捺不住地按一下控制核武器库的电钮，灾难就会自天而降。

当历史车轮进入 21 世纪的时候，正好来到了一个三岔路口。摆在人类面前有三条路：一条通往天堂，一条通往地狱，还有一条呢，就是像现在这样继续折腾下去，到底何去何从，全靠人类的良知。但是，当我们展望未来的时候，也许应该想到这样的道理：如果恐龙的灭绝，是由于一颗小行星偶然撞到了地球所造成的，那也许是天意。但是，人类如果因为毁坏了地球的生存环境，而不得不从这个星球上消失，却只能怪自己。

乡情、乡思及其他

家乡的园子里，有一棵老杏树，不知有多大年纪。反正从我记事起，它似乎就是那么高，那么粗。通常，它结的果子不多，但很甜，非常好吃。父母说，它已经老了，少干点活也是可以原谅的。但是有一年，在我上小学的时候，它却突然青春焕发，枝繁叶茂，硕果累累，挂满了枝头，低低地垂下，仿佛不堪重负。我当时非常得意，放学回家，便爬上去，坐在高高的枝丫上，吃着那甜甜的果实。有时甚至懒得去摘，直接用口去啃那熟透了的杏子，口水和甜汁顺着下巴流下来，滴在衣服上，黏糊糊的……

冬天，北风呼啸，万木萧疏，我仍然喜欢爬上那棵老杏树，骑在那粗粗的树干上，仰面朝天，浏览那匆匆而过的白云，不知它们自何处来，向何处去。或者，透过在冷风中抖动的枝条，遥望着那连绵起伏的大泽山，不知它们如何形成，为什么会有高有低。

然而，好景不长，树的命运，与人间变迁紧紧地联系在一起。1947年国民党进攻，一颗流弹击中了那棵老杏树，在那乌黑的树干上，留下了一个深深的洞。子弹嵌入其中，无法取出。我常常去抚摸那裂开的伤口，感到深深的怜惜，打在它身上，痛在我的心里。大炼钢铁时，那棵可怜的老杏树终于在劫难逃，被连根拔起，树枝当了柴火，烧成了灰，树干留了下来，放在院子里，后来也不翼而飞，不知被谁偷了去。也就是说，自那以后，它便从地球上彻底消逝。

我也渐渐长大，喜欢想入非非，不肯安分守己。小学的时候，不好好读书，毕业后考不上初中，便在家种了三年地。但是又不安心，时时向往着外部世界。1956年考入了平度五中，在班主任陆培九和文学老师于培臻的熏陶下，深深地爱上了文学，发誓要当作家，诗人。1959年进入平度一中，看到学习好的同学都猛攻数理化，准备考理工，自己也就见异思迁，忍痛割爱，弃文而从理。高中毕业时，因为想望走南闯北，游山玩水，便报考了北京地质学院。但是，入学之后，又后悔了，听说“干地质是上山背馒头，下山背石头。远看像逃难的，近看像要饭的，仔细一看原来是搞地质勘探的”。觉得进错了门，走错了路，但也没办法，只好硬着头皮学下去。后来遇上了“文化大革命”，觉得前途渺茫，跌入了低谷，真是人生识字糊涂始，而且是越学越糊涂。毕业后分配到中国科学院地质研究所，研究地震成因和地震预报。

1981年，改革开放的大潮，把我冲到了大洋彼岸的美利坚合众国。从一个几千年封闭的社会，到一个全方位开放的国度；从东方传统的理念，到西方实用的文化；从自行车到小汽车；从算盘子到计算机，内心受到的冲击是非常之大的。1982 年又从美国去了南极。从繁华的城市步入荒凉的冰原，从喧闹的街道进入寂静的天涯，从绿色的大地到白色的冰川，从温暖如春到冰天雪地，就像是突然离开了人间，进入了一个完全不同的世界，理念进一步升华，心灵受到了洗涤，命运的曲线在此发生了跃变，生活的轨迹从此开始漂移。90 年代，初春伊始，我的目光又从南极转向了北极。1991 年 6 月，怀着天命之年争天命的决心，一个人独自闯到了北极，并且一发而不可收，接着是二次，三次，四次，五次……从此与两极结下了不解之缘，走上了冰雪无涯，危机四伏的迷茫征途，细细回想起来，真像是命中注定的。

光阴似箭，日月如梭，半个世纪一晃就过去了，真是人生如梦，于是改“孟华”为“梦华”。不知是命该如此，还是纯属巧合，这一改，不幸言中，所有的荣华富贵都在梦境里，我这一辈子，只能是苦哈哈，穷哈哈，但也乐在其中。这叫做“叫花子过年——穷乐呵”。

美国人流动性大，一生往往要换许多地方，所以故乡的观念比较淡薄。他们所说的“hometown”翻成“家乡”也许更加确切一些。如果把居住一年以上的地方都算作家乡的话，那么到目前为止，我在故乡生活了 22 年，在北京生活了 39 年，在芝加哥以西的迪凯布小镇生活了两年（其实只有一年多，中间还到南极去了两个月），到阿拉斯加北极的巴罗小镇前后去了 9 次，加起来一共在那里生活了有 3 年多。也就是说，我已经有了 4 个家乡，第一个是农村，中间两个是城市，第四个则是在北冰洋之滨，天涯海角。也许可以这样说，第一个家乡，

也就是我的故乡，给了我生命，给了我躯体（我这身肉和骨头，主要是在故乡长成的），给了我抚爱，给了我亲情，教给了我做人的基本道理；从第二个家乡开始，我就算走上了社会，开始了独立生活，学到了专业知识，经历了政治变革，触及到了自己和别人的灵魂，感觉到了人生的艰难和社会的复杂；而在第三个家乡，我开阔了眼界，增加了阅历，扩大了思维空间，接触到了不同的文化，特别是在南极的经历，更是终生难忘，刻骨铭心，彻底改变了我人生的轨迹和对世界的看法；到了第四个家乡，我住在一间只有 17 平方米孤零零的小木屋里，夏天与小鸟为邻，冬天以冰雪为友，远离城市，远离亲朋，远离社会，远离人间，可以说是在真正的世外桃源。但实际上却没有桃，只有冰，所以只好叫“世外冰源”。在这里，我开始思索人生的真谛，反思过去的历程，关注人类的未来，抒写自己的心声。

小的时候，我常常站在田野里，遥望着那天边的彩霞，幻想着那无尽的天边会有什么东西。在我那时的想象中，外部的世界一定是非常美好，非常神奇，如果能走南闯北，东跑西颠，出去见见世面，该多好啊！但是，那时候所能想到的，也不过是方圆几十里，往北最多到县城，往南能到青岛，就算非常了不起了。但是现在，我往南走到了南极，往北闯到了北极，往东飞过了太平洋，往西跑到了大西洋，从南半球到北半球，从东半球到西半球。不仅实现了少年时的夙愿，而且大大超出了那时的梦想，虽然不敢因此而自满，至少也增加了不少吹牛的本钱和饭后的谈资。但是，无论走到哪里，心灵深处总是萦绕着故乡的影子。且不说那浓重的乡音，一开口便露了底细，就连梦魂，也常常是跋山涉水，回归故里。特别是那棵老杏树，虽然早已从地球上消失，但却魂系梦绕，根深蒂固，仍然活在我的梦境里。我偶尔还会爬上去，隐身在枝叶之间，品尝那甜蜜的果实。

有一天，我又梦到了那棵老杏树，独立寒秋，在北风中摇曳、战栗。树叶变成了红黄的颜色，已经所剩无几。我跑了过去，站在树下，恍惚之间，看到一片鲜艳的树叶，从高高的树枝上飘然而下。我觉得，那是老杏树给我的书信或者礼物，便摘下帽子去接，眼看就要落入其中，却突然刮来一阵大风，把那树叶吹到了空中，翻滚着，向远处飘去。我想大喊，却喊不出，忽然醒来，发现自己躺在北极点小木屋里。于是辗转反侧，又想到了落叶归根的问题。

实际上，落叶归根并非人类所特有，许多动物也是如此。例如，阿拉斯加的鲑鱼，在大海里遨游数千千米之后，总要回到原来出生的地方去产卵。南极的企鹅，总要艰难跋涉几十甚至上百千米，回到自己的出生地去安家落户，结婚生子。还有北极燕鸥，每年飞行数万千米，穿行于南北两极之间，总要回到北极老家去繁殖。就连那些看上去智商很低的癞蛤蟆，如果可能的话，也总是要回到它们出生的池塘，谈情说爱，繁衍生息。至于原因，仍然是个谜。也许是因为，它们既然能在那个地方出生，而且存活下来，这就说明，那个地方是安全的。然而，不同的是，人类之落叶归根，却充满着感情的色彩。就拿自己来说吧，也许一辈子也归不了根，但在内心深处，却时时刻刻浮现着故乡的影子和童年的记忆。

从齐长城到墙文化

一提到长城，自然就会想到八达岭，也就是万里长城。它是世界上最长的建筑，以其悠久的历史和宏伟的气势而闻名。美国宇航员说，长城是在太空中可以看到的唯一的人为建筑物，中国宇航员却说没有看清。除此之外，很少有人知道还有别的长城。所以，当我听说山东还有一条长城，比万里长城还要早，叫做齐长城时，先是惊疑，接着汗颜，方知自己孤陋寡闻，山东人不知道山东如此重要的事情。《工人日报》驻山东记者站的孙覆海站长告诉我说，他正在组织一次齐长城考察，问我有没有兴趣，而且保证说，只要我做个顾问，可以坐在车里，不必爬山越岭。好意难却，只好同意，心里却暗暗不服气，觉得自己干的是地质这一行，走南闯北地考察了一辈子，还从南极跑到了北极。这次既然是考察，怎么能坐在汽车里？

2004 年 11 月 1 日，济南文化广场上，红旗招展，锣鼓喧天，举行了隆重的欢送仪式。这次齐长城考察，是山东省委宣传部组织的，得到了山东省旅游局的大力支持。孙覆海站长任队长，考察队员来自于中央和地方十几家新闻单位，大都是生气勃勃的年轻人，只有我一个人白发苍苍，廉颇老矣。站在他们中间，觉得格外突出，被人称作“位老”，只好听之任之。

乘上旅游大巴，首先到达济南郊区长清县的原野，从黄河之滨开始，踏上了追踪齐长城的征途。一路上翻山越岭，穿村过户，寻古探幽，探索齐长城的走向，搜寻古长城的踪迹。途经肥城、泰安、章丘、莱芜、博山、淄川、临朐、沂水、莒县、五莲、诸城和胶南。11 月 19 日，到达了黄海之滨——青岛的黄岛——这次考察的终点，历时近三个星期。每到一处，政府官员出面迎送，村民百姓夹道欢迎，住旅馆，吃宴席，都是山东省旅游局田忠民科长安排的。其他考察队员，都有繁重的任务，搜集素材，编写稿子，又是打电话，又是发消息，白天采访座谈，晚上讨论整理，每天都要有稿子见报，有镜头上电视，一干就是大半夜，甚至通宵，第二天还得继续赶路，一个个忙得不亦乐乎。我却优哉游哉，跟着往前走而已，还得到了其他队员无微不至的照顾，这才明白了孙覆海让我当顾问的良苦用心。生活在年轻人中间，仿佛年轻了许多。除了登高爬坡，略觉辛苦之外，一路上欣赏自然美景，饱览名胜古迹，结交故友新知，尽享人间快乐。在我的考察生涯中，这是最愉快，最舒服，最轻松，也是最安全的一次。

人生苦短，老不可挡。离开山东已有 40 多年，虽然感情依旧，但却知之甚少，而且舍近求远，还不如对南极、北极和爱斯基摩人了解

得那么清楚。这次重返老家，再温旧情，听着乡音，踏着故土，亲切之感油然而生。从西到东，横穿齐鲁大地；上下求索，追寻古人遗迹。只见那齐长城，连绵曲折，时隐时现，雄姿犹在，宛如一条巨龙，潜行于广袤的原野之上，蜿蜒于起伏的群山之中。忽而墙高壁陡，忽而销声匿迹，忽而雄关峡谷，忽而断垣残壁。迎着今日的阳光，踏着古人的足迹，仿佛漫步于悠长的时间隧道里，浏览着几千年风云变幻的文明史，从孟姜女凄苦委婉的民间传说，到蒲松龄低矮俭朴的乡村故居；从青石关山沟中的车轮印痕，到琅琊台上新刻的石雕徐福；从历经变迁的黄河古道，到浩瀚无际的大洋；从春秋战国的刀光剑影，到21世纪的大展宏图，令人不禁浮想联翩，感慨系之。在人类历史上，几千年只不过是短暂的一瞬，人间沧桑何止如此天翻地覆？

人生有一知己足矣，我却结识了许多好朋友。有的早就熟识，如《人民日报》的孔晓宁先生，《人文地理》杂志的林薇女士，《工人日报》的孙覆海站长。有的刚刚认识，如中央人民广播电台的王茂盛站长，《解放军报》的于春光大校（不知道现在是不是已经升到了将军），《工人日报》的丛民，《中国青年报》的张力、郑燕锋，雅虎网站的乔建宾，《科技日报》的孙明河、魏源，《大众日报》的杨润勤，山东电视台的叶永杰、田小梅，山东人民广播电台的单亮，《泰安日报》的路红，《生活时报》的雍坚，《齐鲁晚报》的乔显佳等，虽为忘年之交，却都感情真挚，是一笔极可宝贵的精神财富。

考察结束，我立刻返回北京，投入了紧张的准备工作，还有更加艰巨的任务等着我。2005年4月，我第九次进入北极，进行综合性科学考察，并想撰写几本关于爱斯基摩人的书。与长城那种温馨热闹的考察大不相同的是，我常常是独自一人，跋涉于冰雪之中，奋战于大洋之上，和北极熊周旋，与暴风雪搏击，风餐露宿，夜以继日，争分夺秒，无暇他顾。偶尔也收到过朋友们的来信，激起了对于往事的回忆，但是因为事情复杂，时间紧张，脑海里堆积的东西愈来愈多，有关齐长城考察的记忆，也便渐渐淡漠，挤到脑后去了。

10 月底回到北京，忽然收到孙队长的通知，说要出一个齐长城考察的集子，要我写点东西，是必须完成的任务。这时我才恍然大悟，原来顾问并不是白当的。俗话说，拿人家的手短（考察时发了一套装备，至今还穿在身上），吃人家的嘴软（一路上好吃好喝，几乎天天宴席），所以推辞不得，只好闭门思过（过去的过），想勉强拼凑一篇，拿来应付差事。但因时过境迁，激情全无，虽然绞尽了脑汁，还是写不出什么像样的东西，只能略谈一点自己的感受和认识。

人类为什么比其他生物聪明，有两个决定性的因素：一是人类有着极其复杂的大脑，这是 30 多亿年生物进化的最高级产物；二是人类有文化积累，先有语言，后有文字，接着是艺术、宗教、电影、电视，把人类一代代的生存经验、发明创造，记录下来，传递下去，这是其他任何生物不可能做到的。这两个条件相辅相成，缺一不可。一个人的大脑，即使再聪明，再复杂，如果一生下来，就与外界隔绝，长大了也只能是个白痴。例如印度的狼孩，虽然生有人类的大脑，但却只有狼的智力。这就是为什么，保护祖先留下来的文化遗产，是全人类面临的艰巨而神圣的任务。想到这里，不能不感到惋惜，像齐长城这

样极其宝贵的文化遗产，并没有得到应有的保护。

我们的祖先，是非常聪明而且伟大的，为人类进步作出了巨大的贡献，为我们留下了丰富的物质财富和精神财富。例如三大发明，指南针、造纸和活字印刷，都对人类社会的发展起到了非常重要的推动作用。但是，这三样东西，是不是中国人首先发明的，在国际上似乎还存在一定的争议。不过，有一样东西，却是中国所独有，那就是万里长城，这是任何人也无法否认的。虽然也有人猜测说，万里长城可能是外星人建造起来的，这当然是无稽之谈。实际上，正是我们的祖先，首先把墙的作用加以扩大，用来构筑整个国家的防御工事。因此可以说，这是中国的第四大发明，而且是千真万确，毫无疑义，其历史之悠久，可以追溯到公元前 3 世纪。然而，外国人还不知道的是，我们还有一条齐长城，历史更加久远。由此可见，我们的祖先，对墙的情有独钟达到了登峰造极的程度。

1981 年，我第一次到美国，受到了不同文化的强烈震动。当时最大的感受之一，就是墙的奇缺，无论是大学、小学，还是机关、工厂，都是无遮无拦，四通八达，就连私人住宅的四周，也是草地一片，一马平川，既没有高墙壁垒，更不见深宅大院，只有监狱的外面，有道高高的铁丝网。据说，这也是一种人性关怀，罪犯们虽然不能出来，但可以透过铁丝网，张望一下外面的世界。然而在中国，单位无论大小，院墙是绝对不可少的；机关不管上下，门卫总是非常严格的；至于个人住宅，只要有可能，都要用一道高高的围墙圈起来，以显其神秘和巍峨。实际上，院墙成了一种地位的象征，越深越森严，愈高愈气派。例如，白宫的院墙，只有一道一人多高的铁栅栏，一眼就可以望清楚。而我们的紫禁城，却是红墙高筑，深不可测。这使我忽然想到了一个问题，那就是“墙文化”。

在人类历史上，是哪个民族首先发明了墙，已经无从可考。但是可以猜测，墙在最初的作用，很可能有二，一是阻挡其他部落或者野兽的侵袭，二是用来遮风挡雨或者挡雪。前一个作用，后来演化出了防御工事；后一个作用，则进化成了房子。远古的人类，很有可能是首先懂得用泥巴或者石头堆积起来，圈出一定的空间，作为栖身之所，那就是最早的围墙。后来为了取暖，防雨，或者遮挡阳光，又在上面搭上了顶盖，这就是最早的房舍。

到大约1万多年以前，地球上最后一个冰川期已经结束，人类学会了耕种土地和饲养牲畜，逐渐进入了农牧文明。生产力提高了，有了剩余价值，有了私有财产，也就有了军队，官员，国家和战争。与此同时，墙的作用也与时俱进，大大地强化了。建造起牢固的房屋和宫殿，以保护自己的私有财产和权力；构筑起雄伟的城墙和关口，以抵御外来的侵犯和威胁。

农牧文明的中心是在亚洲，首先发源于西亚的两河（幼发拉底河和底格里斯河）流域，即所谓的“新月地带”，南亚的古印度和东亚的中国。当然，还有北非的古埃及。那时候的欧洲，还是荒蛮之地。那么，为什么古埃及人建起了高大的金字塔，古印度人修筑了雄伟的寺庙，而我们的祖先所留下的，却是气势宏伟的万里长城呢？这是一个值得研究和思考的问题。我认为，这可能与文化的传承或者说“文

化基因”有着密切的关系。

人类从原始到文明的重要标志，就是文字的发明。西方学者认为，在新月地带出土的楔形文字（苏米尔文），形成于公元前3000年，是世界上最早的文字。其次是中国的汉字，形成于公元前1300年。再就是中美洲墨西哥印第安人的象形文字，形成于公元前600年。只有这三种文字，是独立发明出来的。其他所有的文字，都是受到这三种文字的启发，或者是直接从这三种文字中衍生出来的（详见《枪，细菌和钢》一书）。但是，中国的学者有着不同的看法。有人认为，距今2.25万—1.85万年的湖南道县玉蟾岩遗址，是到目前为止所发现的人类最早的农耕文明。在差不多同一时代或者稍晚，在湖南彭头山和高庙，河南贾湖等地，出现了刻画象形文字，应该是世界上最早的文字。后来扩散到了南亚，西亚，北非以及美洲，演化出了古印度的达罗毗荼语的印章文字，古巴比伦的楔形文字，古埃及的圣书文字和中美洲的象形文字。公元前15世纪，闪族的一支，即腓尼基人，在古埃及圣书字的基础上，创造出了人类历史上第一批字母，即腓尼基字母。后来传入希腊，演变成希腊字母。在此基础上，又孳生出了拉丁字母和斯拉夫字母，成为欧洲文字的共同来源（详见流波《历史铸就的人类最先进的语言文字——汉语汉字》）。也就是说，发源于中国的象形文字，是世界上所有文字的鼻祖。

虽然观点不同，各执一词。但是，有一点是大家公认的，就是其他古老的文字，随着历史的演进和时间的推移，变异的变异，消失的消失，只有中华文字，从诞生的那天起，一直沿用至今，在人类的历史上独树一帜，表现出了极其顽强的生命力，是人类文明的一大奇迹。

文字的产生，给人类提供了一种强有力的工具，可以把生存经验记录下来，大大加快了文化的积累。而文化积累到一定程度，正如基因突变一样，就会出现一些杰出的人物，对某些自然现象和人生哲理，提出自己的看法和解释。这些人，就是人类中的先知先觉，或者称为先哲。他们的言论和思想，形成了自己的体系，以宗教的形式传播开去，对后来的观念和文化，产生深远的影响。到了公元前6世纪前后，释迦牟尼创造了佛教。而在中国，老子提出了道家学说，孔子则为儒家学派奠定了理论基础。他们三个人的思想观念和处世哲学，深深地植根于亚洲的土地，构成了东方文化的核心和基础。

差不多与此同时，或者稍晚，生活在西亚的犹太人的先知们，编写成了《旧约》，成为犹太教的经典。而在耶稣降生之后，又有了《新约》。《旧约》和《新约》加在一起，成了基督教的经典，传到西方以后，则成了西方文化的源泉和根基。于是，以基督教为代表的西方文化，和以佛教、道教和儒家学说为代表的东方文化，虽然都是发源于亚洲（东亚和西亚），但却产生了不同的理念，结出了不同的果实，因而演化出了复杂纷乱、跌宕起伏的现代史。

那么，东西方的观念到底有哪些不同，为什么会如此呢？这还得从文化的源头、我们的老祖宗说起。

释迦牟尼本来是个王子，聪明伶俐而且生活优裕。但是，当他看到广大民众的苦难时，便毅然决然地走出王宫，坚忍不拔地去探求人生的真谛，用了6年的时间，终获正果，忽然顿悟。他认为，人生是

痛苦的，其根源就在于人性内在的缺陷和迷失，例如贪欲，疑惑和愚昧。他拒绝天神和灵魂自我的观念，认为摆脱痛苦的唯一途径，只能通过艰苦的修炼寻求自我解脱。他不仅认为人类都是平等的，而且敬畏所有的生命，反对杀生，主张吃素，终于成为佛教的鼻祖。

老子是中国哲学的宗师。他的《道德经》，是人类历史上最早也是最伟大的哲学著作之一。他把制约宇宙万物的自然规律，归结为一个“道”字。认为“道生一，一生二，二生三，三生万物”，“万物生于有，有生于无”。这与宇宙大爆炸理论不谋而合。现代科学认为，宇宙在大爆炸之前，所有物质都集中于一个无穷小的点，没有空间，没有时间，当然也就没有万物。只有大爆炸以后，才有了空间，有了时间，有了能量，有了离子，有了星云，有了星系，有了地球，有了生物。实际上，宇宙和生命一样，都是无中生有，从“无”中衍生出来的，这与老子学说是非常吻合的。不仅如此，老子还提出了“有无相生，难易相成，长短相形，高下相倾，音声相和，前后相随”。以及“贵以贱为本，高以下为基”，“祸兮福所倚，福兮祸所伏”，认为有无，刚柔，强弱，兴废，祸福等都是相互依存，相互转化的，即“曲则全，枉则直，洼则盈，敝则新，少则得，多则惑”。也就是现在所谓的“对立的统一”。

孔子是人类史上最早、也是最伟大的思想家和教育家，他对人格的追求是全方位的，故被称之为圣人。孔子主张“仁”，就是“爱人”。统治者要施行仁政，就是要亲民，利民，惠民，教民。而要达到“仁”，就要“修己”，“学而不厌，诲人不倦”，“躬自厚而薄责于人”，“人不知而不愠”，“吾日三省吾身”。孔子主张伦理道德，讲究仁爱、忠恕、礼义，希望社会和谐，各得其所，即“君君，臣臣，父父，子子”。孔子对人一视同仁，主张“有教无类”，人人都有接受教育的权利。而且，孔子对于自己所有的主张，都能严于律己，身体力行，坚忍不拔。他的思想和言行，给后世带来了深远的影响，因而被尊为“万世师表”。

释迦牟尼、老子和孔子，都曾身居高位，然后又深入基层，所以能洞察人生百态，深知社会风情，并根据自己的人生实践，用心灵和智慧去思考和认识客观世界和主观世界，而不是把命运简单地交给上帝或者神灵。他们都用仁爱之心，看待芸芸众生，主张宽宏大量，救苦救难，反对征战杀戮，实施暴政。他们都期望社会和谐，人人平等，克己自律，关爱生命，反对贪婪无度，涂炭生灵。他们的思想和理念，构成了亚洲人的精神基础，塑造了东方的文化和文明。

孔子死后十年，苏格拉底才在古希腊出生。堪称西方先哲的苏格拉底，在欧洲文化中的地位，和孔子在中国乃至亚洲文化中的地位有些相似。而且，他的言行，同样也是通过他的学生记载而流传了下来。不同的是，苏格拉底没有做过官，是从基层崛起，从一个雕刻石匠变成了哲学家。他主张心灵转向，从研究自然转向研究自我；他认为灵魂不灭，是与物质有本质不同的精神实体；他探求事物的普遍意义，想在伦理问题上寻求普遍真理；他以逻辑辩证的方式揭露矛盾，把精神实体和物质实体区分开来，探求人生的目的和善德。然而，也许因为苏格拉底的思想过于抽象而且高深，虽然在哲学领域影响深远，但

却曲高而和寡，并不像孔子的学说那样家喻户晓，深入民心。而在西方的文化和理念中，《圣经》发挥着无与伦比的主导作用。

然而，与佛教、道教和儒家学说不同的是，《圣经》中的主体并不是人，而是上帝。上帝不仅创造了世上万物，而且也创造出了人类。而上帝创造人类的目的，就是为了管理世上万物。因此，人类便丧失了自我，变成了附庸，只要对上帝百依百顺，顶礼膜拜，即可得到上帝的保护与恩赐。而上帝又是只此一家，别无分店，顺我者昌，逆我者亡，若有二心，必将遭到严厉的惩罚。至于其他万物，则要听从人类的摆布。人类是在上帝之下，万物之上，成了地球上的主宰。

那么，对那些不信奉上帝的异教徒怎么办呢？一是改变他们的信仰，二是将其征服。于是则有传教士到处游说，去传播基督福音。例如，首先踏上北极土地的并不是探险家，而是爱尔兰僧侣圣布伦丹。首先移居北美洲的并不是哥伦布，而是受到宗教迫害的新教徒。首先进入中国的西方人，并不是意大利商人马可波罗，而是来自东罗马帝国的一个叫景净的基督教传教士。如果传教不奏效，则有战舰和大炮接踵而至，开往世界各地，去建立殖民地。例如，西班牙和葡萄牙瓜分了南美洲，法国占据了非洲大部，小小的英国不仅独占了北美洲，攫取了非洲的部分土地，而且还征服了印度，侵占了澳洲和新西兰，成了名副其实的“日不落”帝国。而半岛国家意大利，不仅有不远万里来到中国的马可波罗，还参加了八国联军，试图瓜分中国。至于后起之秀的德国，更是不甘落后，希特勒发动了第二次世界大战，就是想独霸全世界。这种理念一直持续至今，美国以反恐为借口出兵伊拉克，推翻萨达姆，既想改变伊拉克人的信仰，也要推广美国式的民主制度，当然还有那里的石油资源和战略位置，一箭多雕，一举几得，司马昭之心，路人皆知。

反观东方，完全是另外一种历史格局。印度虽为泱泱大国，又是文明古国，但却内忧外患，自顾不暇，并无大肆往外扩张的历史，反倒被人征服，成了西方人的殖民地。而中国，历史上虽多有征战，却是为了抵御外族入侵，稳固自己的疆土。东方人唯一一次攻入欧洲，是成吉思汗率领下的蒙古铁骑，中国的宋王朝同样也在被征服之列。整个亚洲，只有一个国家是例外，那就是日本。日本曾经大举扩张，不仅入侵中国，占领东南亚，还搞突然袭击，发动了太平洋战争，打了美国人一个措手不及。究其原因，就是因为日本搞了明治维新，引入了西方文化和理念，所以数典忘祖，自称是“西方国家”。正如基因变异一样，日本的文化已经发生了错位，变成了杂交文化。

当然，历史的演进是错综复杂的，不能把西方人的对外扩张，简单地归因于基督教的教义。但是，如果追根溯源地想一想，也就不可否认，这与他们的思想观念和宗教信仰有着密不可分的联系。

说到这里，不妨书归正传，再来讨论一下墙文化。如前所述，墙的基本功能是防护，或遮挡风雨，或抵御侵袭。因此，对于每时每刻都想往外扩张的人来说，墙就是多余的，不仅会挡住自己的视线，还会束缚自己的手脚。这就是为什么，西方人虽然也知道墙的重要，但却远不像我们那么痴迷。东方人，特别是我们中华民族，向来提倡中庸，自律，克己，知足，追求睦邻友好，和睦相处。这就是为什么，

郑和下西洋，比哥伦布几乎早了一个世纪，但却没有对外征战，去扩建大明帝国的殖民地。恰恰相反，中国历代的统治者，在取得政权之后，就会试图以加固边防，修筑城墙来保护自己的子民和领地。正因如此，中华民族才会对墙情有独钟，把墙的作用发挥到了极致。不仅有周长城，齐长城，秦长城和现在仍然横亘在中华大地上的万里长城，而且中国也是世界上墙最多的国家，如果把大大小小的院墙、围墙连接起来，足可以绕着地球转圈子。

当然，外国也有墙，盖房子就必须砌墙，否则就成了亭子。而且，也许受到了中国的启发，西方人也把墙应用于政治目的。例如，东西德之间就曾修建过一道柏林墙，以色列正在修建隔离墙，耶路撒冷还有一个哭墙，犹太人常常到那里去诉说自己命运的不幸，回忆民族苦难的历史，每到伤心之处，难免痛哭流涕。而在华盛顿的公园里，有许多战争纪念碑，标志着美国对外扩张和征战的光荣史。其中，越南战争纪念碑最为特殊，是由两道黑色大理石的墙壁联结而成，构成钝角之势。据说，这个纪念碑的设计师，是一个华裔女士，可见中华民族对于墙的钟爱，已经渗透到了子孙后代的基因里。但是，来来往往的美国人，虽然也交口称赞这个纪念碑的设计独具匠心，但对墙的含义，却并没有真正搞清楚。2005 年 4 月 25 日，好莱坞以色列裔女明星娜塔莉波曼，跑到耶路撒冷的哭墙去拍接吻戏，惹恼了正在旁边祈祷的犹太教徒，导演、演员和工作人员都被打得鼻青眼肿，影片也没有办法再拍下去。这正是因为，东西方人对于墙的理解有所不同的缘故。

事物总是发展变化的，墙的历史也是如此。随着社会的发展和科技的进步，墙的作用越来越小，甚至变得可有可无。例如，齐长城、秦长城和后来的万里长城，确曾挡住过敌人的弓箭和骑兵。但是，面对着后来的坦克和大炮，就显得无足轻重了。而对于现代化的飞机和导弹，就更是天上地下，相距甚远，一筹莫展，毫无意义。在过去，一堵高墙，也许可以拒奸细特务于门外。但是现在，对电磁波的探测和间谍卫星的监视却无能为力。正因如此，中国的长城，早都成了历史文物。德国的柏林墙，也已经进入了历史博物馆。只有以色列的隔离墙，还在修建之中，但也阻挡不了巴勒斯坦人的火箭和人体炸弹，只不过是一种精神安慰和占地策略而已。

实际上，墙的存在，既没有使盗贼小偷断子绝孙，也没有让间谍特务销声匿迹，但却限制了自己的视线和活动的空间，妨碍了自己的思维和与外界的联系。久而久之，就会变得目光浅短，自我陶醉，夜郎自大，保守封闭，以为自己就是世界的中心，可以关起门来做皇帝，这就是中华民族的近代史。我们不妨反过来想一想，如果中国原本就没有那么多墙，历史会是什么样子呢？

媚外基因

我来来回回，进进出出，到过许多国家的海关，遇到过各种各样的事。大概因为我的面相还算和善，慈眉善目，每次过海关，都还比较顺利。只有一次，在俄罗斯，因为我留着大胡子，在莫斯科机场出关时，那个海关官员可能怀疑我是个黑帮头子，把我的东西翻了个底朝天。我很气愤，但也只能忍着，小不忍则会乱大谋。但是，我在心灵上真正受到伤害的，却是在中国海关。

2005 年 4 月，巴罗北极科学联合会（BASC）组织了一个代表团，到中国昆明参加国际极地峰会，把我也包括了进去。代表团由五个半人组成：秘书长格林・舍安博士是团长，俄罗斯人杰馁迪・泽任斯基博士，美国夫妻约翰・梯考斯基博士和夫人玛丽・考女士和他们的 13 个月的女儿玛瑞拉，还有我。我给他们设计好了旅行路线和日程。飞机票和饭店都是他们从美国预定好了的。代表团从北京到青岛到济南到昆明再到香港，就这样一路走下去。一路上让我感受最深，也是备受刺激的，就是中国人的媚外基因。

在北京，我们住在阜成门外的假日饭店，虽然比较小，显得有点拥挤，但管理得还算不错，服务员能一视同仁，对中国人和外国人都打招呼。大概是因为，北京毕竟是首都，开放得比较早，人们也都见过世面的缘故。

青岛住在皇冠饭店，管理得很好，餐厅服务员看上去像是大学生，都能讲点英语，服务周到，彬彬有礼，不是崇洋媚外，而是工作需要。可见青岛是个很开放的城市。

济南住在皇冠假日，管理一般，门口车辆很多，大厅里乱哄哄的。餐厅的小姐们，看到外国人便满脸春风，而看到中国人却勉强应付，可以察觉到明显的不同，不过还可以忍受，毕竟内外有别，对外国客人热情一点也没有什么不对的。

到了昆明，住在翠湖饭店，据说是当地最好的三个饭店之一，但是管理很乱，服务马马虎虎。令人感到最不舒服的是，服务人员看到外国人则点头哈腰，笑脸相迎，看到中国人则昂首阔步，扬长而去。也许是因为，改革开放程度还不够的缘故。

从昆明到香港，要出海关。排了半天队，来到了窗口。我先是递上了身份证，海关人员是个男的，冷冷地瞟了我一眼说："不行！在这里身份证不管用！"我赶紧递上护照，他看了一眼说："你的表没有填好！回去重填！"我赶快跑了回去，重新填了一张表，到了另一个通道，是个女的，她看了一眼我的表说："你是中国人，为什么写英文，

回去重填！”我只好忍气吞声，回去又填了一张表。这时候，出关的人都走完了，代表团的人都在等着我。我又来到了第一个通道，那个男士看了我的表，又看了我的护照，反反复复端详了足有5分钟，看样子想找出一点理由来，再刁难我一下，最后实在找不出什么理由，只好把护照还给了我。我觉得很气愤，又很屈辱，在中国的海关，中国人还要比外国人低一等，真是岂有此理！

但是，到了香港，我的自尊心受到了更深的刺激。在机场进关，一个女人在给美国西北航空公司发牌子。她一看到白人就笑脸相迎，赶快给人家发个牌子。我从她身边走了好几趟，她却视而不见，就像是我根本就不存在似的。我其实并不需要她那个牌子，那不过是个识别标志，但我心里非常别扭，觉得受到了侮辱。

进了海关，其他行李都过去了，只有约翰在昆明买了一个塑料玩具枪被卡住了，似乎那个东西可以用来劫机似的。海关人员翻来覆去地研究了半天，讨论了许多次，最后决定，要填一张表格，由海关负责托运，不能自己带着。我和格林、约翰三个人都站在那里，一个小姐走过来说：“对不起！让你们久等了，两位请坐！”说着给他们搬来了两把椅子，而对年纪比他们大得多的我，一个中国人，却像是根本就没有看到似的。我当时很想说：“小姐！我更需要一把椅子！”但是忍了又忍，只好安慰自己说：“这种小事，何必神经过敏呢！”可是，心里还是很不平，一路都在想：“中国人到底怎么啦！为什么自己人反而被瞧不起？”

到了西雅图，因为是一个代表团，我也站到了美国人的队伍里和他们一起进海关。工作人员看了我的邀请信，问道："你是来搞科学考察的?"我说："是的。"他问我搞什么考察。我说想写一本关于爱斯基摩人的书。他问我想住多久，我说半年左右，他给我签到了10月26日，就顺利通过了。进去以后，他们几个美国人买了许多东西，行李很多，海关人员要他们一件一件地搬下来，通过扫描仪进行检查。我同样也推着一大堆行李，他们却招了招手说："你就不用啦!"我忽然觉得心情愉快，一阵轻松，非常得意地对他们几个说："哈！我在这里受到了优待！看来你们美国人也有点崇洋媚外!"

中国人之崇洋媚外，是一种普遍的现象，并非个别人，可以说是一种民族心态。究其原因，我认为，一是因为我们闭关锁国的时间太久，对外国人不了解，不熟悉，所以见了外国人就发憷；二是因为我们曾经被人家侵略、掠夺、欺凌、杀戮，所以见了外国人就害怕；三是因为我们落后，人家先进，我们穷，人家富，所以见了外国人就觉得矮三分。久而久之，这种心态就会渗透到基因里，一代代地传下去，到了中国人的骨子里。香港尤其如此，因为遭受了一百多年的殖民统治。

但是，中国人的媚外基因并不是从来就有的，而是后来生出来的。从唐朝到明朝，一直到清朝的康熙，中国人都认为自己是天下第一，事实也确实如此。只有到了近代，从鸦片战争到1949年，中国人的自尊心受到了无情地摧残和扭曲。也许，不必再等一百年，中国强大了，这种崇洋媚外的基因，就会彻底被消除了。

人类长着大脑，就是用来思考的。古人云：心之官则思。这里的

心其实应该是大脑，古人把大脑和心脏的职能弄混了。实际上，大脑和心脏，是维持生命的两个最重要的器官。大脑停止工作，就成了植物人。心脏停止工作，生命就结束了。所以，大脑和心脏一样，每时每刻都在坚守岗位，即使睡着了，有些脑细胞仍然在思索。思索什么呢？思索怎样才能活下去。那么，人类怎样才能活下去而且活得更好呢？只有依靠科学和技术。

人类之初，没有科学，只有技术。例如，从直立行走，到使用工具，到制造工具，到烧制陶器，到冶炼金属，都是技术。正是生存技术的不断发展和改进，推动着人类躯体的进化和社会的进步。那时候还没有科学。

什么是科学？科学的出发点是人类的好奇心；科学的推动力是人类的探索精神；科学的目标是揭示宇宙万物的客观规律。因此，科学只有起点没有终点，是一个有始无终的过程，只要人类存在，科学就会继续发展，与人类共存共荣。

从理论上来说，科学没有国界，属于全人类。但是，科学是由人操控的，因此也就有两面性，既可以为人类造福，也可以给人类带来灾难。例如，细菌的研究可以治疗疾病，但也可以制造生物武器用于战争；原子能可以用于发电，也可以制造原子弹和氢弹；基因工程可以增加农作物的产量，也有可能产生可怕的疾病。所以，科学不是一朵花，而是一把剑，一把双刃剑。如果把科学绝对化、神圣化，那就走到了反面，变成了迷信。

科学并不是从天上掉下来的，而是人类探索的结果和人类智慧的结晶。科学从愚昧和迷信的围追堵截中冲杀出来，从复杂纷纭的社会实践中吸取营养，在正确与谬误的反复较量中发展壮大。实际上，科学家正是从巫师和神父们的手里，接过了通往真理之门的钥匙。

KE XUE
JING SHEN ZHI LÜ

生命随想

生命是一个过程，起点是生，终点是死，而生和死之间所经历的时间，就是所谓的寿命。这看起来非常简单明了，但是界定起来，却并不是一件容易的事，无论是生，还是死，还是寿命，都有许多值得深入探讨的问题。

生命的过程与含义

海上获救之后，我一连几天心绪不宁，恍恍惚惚，精力总也集中不起来，像丢了魂似的。于是我又想起了生与死的老问题，这倒不是惜命，也不是因为心有余悸，而是觉得，生命到底意味着什么，确实是值得思考和研究的。

高中的时候，物理老师说，电子的传播不需要时间，正如竹筒里装满了豆子，从这头塞进一粒的同时，那头就会掉出一粒。当时，许多同学都想不通，我也是如此。现在我认为，老师是错的。任何过程都需要时间，电子的运动也是如此，不过速度极快，等于光速，即每秒 30 万千米。

由此又想到了生命，也是一个过程，起点是生，终点是死，而生和死之间所经历的时间，就是所谓的寿命。这看起来非常简单明了，但是界定起来，却并不是一件容易的事，无论是生，还是死，还是寿命，都有许多值得深入探讨的问题。

若从生物学的观点来看，任何生命，都只不过是一个基因传递的过程而已，这是生命存在的最基本的意义。从大约38亿年以前，地球上出现了最初的生命起，这个过程就开始了。而所谓最初的生命，也就是一段简单的基因而已。那么，这段基因是从哪里来的呢？也许是地球上偶然形成的，也许是从宇宙飘落而来的，至今尚无定论，谁也说不清楚。

从那段最原始的基因开始，地球上的生命，就像是一棵常青藤，首先在大海里，然后到陆地上蔓延开来，一代代地繁衍下去，从一个生物个体传到另一个生物个体。在这个过程当中，由于基因的突变，产生了新的物种。于是，物种越来越多，基因愈来愈复杂，突变的几率也就愈来愈高。到大约5亿年以前，终于出现了一次生命大爆炸。自那以后，新物种不断地大量产生，与此同时，有一些物种也在不断地灭绝和消失，最后终于出现了人类，这就是生物的最高形式。

那么，一个物种怎样才能生存下去，不至于灭绝或者消失呢？首先当然是要保证其基因能够传递下去。而要有效地传递基因，则必须使这一物种保持一定的数量。因为，当一个物种的数量少到一定程度时，就会有灭绝的危险，例如我们的大熊猫和东北虎。所以，就任何一个生命来说，其生物学的第二个含义，就在于保持这一物种的数量。这就是为什么，我们要创造条件，使大熊猫和东北虎尽量多地繁殖。

不仅如此，任何一个物种，各个成员之间，都必须要有很好的配合和分工，构成一个群体（种群）。如果一盘散沙，各行其是，这样

的生物就很难生存下去。例如，只有两性很好地配合，才有可能繁衍后代；只有群体合理地分工，才有可能获取食物；只有成员之间团结合作，才能保证捕猎成功；只有大家集体行动，才能更好地抵御天敌。特别像蚂蚁和蜜蜂等社会性很强的物种，分工合作和集体行动是特别重要的。因此，生命的第三个含义，就是个体要为群体和物种作出贡献。

但是，虽然生命的形式（物种）花样繁多，不计其数，但却是互相联系，生活在一个大家庭里，构成了一个链条，这就是生物链。在这个大家庭（或链条）里，不同的物种之间既互相依存，又互相竞争，任何物种都很难独立生存下去。例如，微生物把动植物尸体和垃圾分解成养分，使植物可以吸收；植物要供给食草动物口粮；食草动物又是食肉动物的食物；食草动物和食肉动物又为人类的生存奠定了基础等。由此可见，生命的第四个含义是，任何个体，都是整个生命世界的一分子，为这个世界贡献着自己的劳动、智慧、才能、乃至于身体。

了解了生命的含义之后，我们再回过头来探讨生与死的问题。实际上，任何生命的诞生，都是从基因传递开始的。因此，我们把一个人呱呱坠地定为他人生的起点，其实是不对的，因为一个人的生命，从受精的那一刻就开始了，比通常认为的起点大约提前了 9 个月。由此可见，以前讲究虚岁，即生下来就已经算一岁了，这是有科学道理的，因为这样比较符合实际。

至于死，当然是指一个人停止了呼吸和心跳的那一刻。但是，如果仔细地想一想，他或她的生命，实际上并没有结束。因为，他们的精子和卵子（如果已经结婚生子）结合成了一个新的生命，继续生存了下去。这正如昆虫一样，从虫卵变成蛹，从蛹变成成虫，成虫再生卵，如此循环无穷。在这个循环过程中，虽然成虫生卵以后就死了，但生命的过程却没有到此而终结。当然，如果没有后代，基因传递到此为止，那就是真死了。这就是人们把传宗接代看得非常重要的原因。

实际上，生命从它诞生，即最初的基因形成（可能是在地球上，也可能是在宇宙中）的那一时刻起，就像一根无穷无尽的链条一样，一直延伸下去，从来也没有停止过。在这期间，虽然有大量的物种不断地灭绝，但也有更多的物种繁衍出来，而且愈来愈复杂，愈来愈高级，基因的传递从来也没有终止过。也就是说，就生命而言，它有生的时刻，却很难想象什么时候会终结。这正如宇宙一样，从大爆炸那一刻诞生，却不知道它什么时候会结束。有人预测说，50 亿年以后，太阳会变成红巨星，把地球吞没。到那时候，生命是否就会结束呢?可能也不会，因为50 亿年以后的人类，可能早就在宇宙中自由旅行了。如果地球受到了威胁，人们就会像《圣经》里的诺亚那样，携带着各种生物的一公一母，飞到其他星球上去落户。当然，还有人预测说，正在膨胀着的宇宙，现在正处在中年期，再过若干年，膨胀到最后，就会突然收缩，再回到一个质点。如果真会那样，那么可以肯定，到那时候，生命就该结束了，因为，任何生命也经受不住那样的高温和高压。

由此可见，整个生命世界，是由无数生命个体组成的，从细菌到

人类，任何个体，都是这个生命链条上的一个微不足道的环节而已，其最根本的任务，就是保证各自的基因能够不间断地传递下去。从这个意义上来说，所有的生命都是一样的，人类和细菌并没有本质的区别。

但是，人类却自视太高，自诩为最高级的生物，总想凌驾于其他生命之上。实际上，人类的许多生理机能，还不如其他生物，例如，人的眼睛不如猫的视力好，人的鼻子不如狗的鼻子灵，人不能像鸟那样自由自在地在天上飞，人不能像鱼那样机动灵活地在水里游。唯一的区别是，人类的大脑要比其他生物发达一些。

总而言之，生与死都是一种自然过程，没有什么大不了的，人们之所以害怕死，是因为每个人都想在这个星球上多活些时日，却很少有人想到，即使你死了，生命的链条还仍然在延续。

健康的一半：观念与心理

常常有人问起，你们到南极和北极考察，挑选队员的标准是什么？我告诉他们说，除了专业上的需要之外，就身体而言，主要有三条：一是要有健康的体魄，能经受得住任何艰难困苦的挑战和考验；二是要有坚强的意志，在任何困难和危险面前都能勇往直前；三是要有团队精神，与其他队员同生死共患难。只有这样的人，才有可能获准参加南北极考察的队伍。也正因为在挑选队员时严格地把握住了这三条，我们才圆满地完成了1995年首次远征北极点的科学考察任务。而在与我们同行的美国考察队中，有一个来自南美的小伙子，虽然体力和滑雪技术都很好，但由于害怕被北极熊吃掉，或掉到冰窟窿里淹死，竟然中途退出。实际上，在那种极端艰难困苦的情况下，每个人的体力都达到了极限，这种时候心理素质是非常重要的，甚至是决定性的。这正如运动员一样，既要有健康的体魄，又要有稳定的心理素质，才

能打好每一场比赛。

什么是健康？人们总是认为，吃得胖胖的，长得壮壮的，没病没灾，活蹦乱跳，那就是健康。但这种说法只说对了一半，因为其所说的只是身体上的健康。事实上，健康是由两个方面组成的，即身体和心理。关于二者的关系，好比是一台计算机，身体是硬件，心理是软件。只有硬件和软件都好用，才能正常地运转下去。当然，身体是第一位的，是基础。但是，精神也是非常重要的，在某些情况下，心理往往是决定性的因素。举个极端的例子来说吧，如果身体棒棒的而去杀人，或者思想空虚而去自杀，结果都是一命呜呼，身体再好，还有什么意义呢？

然而，在实际生活中，人们总是强调身体的健康，而忽视心理的健康，或者说，拼命地去搞硬件建设，而不大注意软件的建设。这是可以理解的，因为身体是实实在在的，而心理却是看不见摸不着的。但是实际上，许多硬件上的毛病都是因为软件出了问题造成的。

我刚到美国时，看见到处都有心理医生开业，不知道他们都在干什么。后来，一个美国朋友的女儿被强暴了，痛不欲生，几乎走上绝路，只好去看心理医生，居然解决了问题。于是我才知道，心理原来是非常重要的，救人一命，胜造十级浮图。

有一天，我到一个美国朋友家里去做客，他唯一的小女儿在外面院子里玩，跑着跑着，一下子摔了一个嘴啃地。我马上就要跑过去扶，却被她父母制止了。他们摆摆手说：“不用管她，让她自己去处理。”结果是，那孩子虽然摔得不轻，手上还擦破了一点皮，但却自己爬了起来，继续玩，根本就不在乎。于是我又想到了心理问题，如果同样的情况发生在中国，不仅父母着急，恐怕连爷爷、奶奶、姥姥、姥爷都会扑上去，稍微擦破了一点皮，就会赶紧送医院。孩子也会嚎啕大哭，以为发生了一件不得了的大事故。这样，在他们幼小的心灵里就会留下一道深深的阴影，再玩起来就会小心翼翼。久而久之，就会畏首畏尾，怕苦怕累，学会了自己娇惯自己。1994 年我三进北极，遇到一个日本青年，驾船航行北冰洋，当时他看上去还只是个孩子。我问他，出这样的远门，冒如此的风险，父母是如何看的呢？他笑笑回答说："我父母从小就让我活得要像个男子汉。"去年五进北极，见他还在那里，已是满脸沧桑，没有了先前的稚气。说是船坏了，要挣足路费才能回家去。听了这话，我感慨颇深，自然又想到了中国孩子，有谁家的父母舍得让自己的孩子去吃这样的苦，遭受如此的磨难呢？

我们有许多影响深远的遗训，例如，千金之子、坐不垂堂；父母在，不远游；身体发肤，受之父母等等。因而行事谨小慎微，以至于足不出户。结果是，人家往外开拓，我们闭关自守；人家走向世界，我们固步自封。就拿两极考察来说吧，在人类向两极进军的过程中，西方比东方早得多。而在东方，日本比其他国家早得多。我们中国呢？直到改革开放才有可能走向两极，比日本晚了几十年，比西方晚了几个世纪，其实并非偶然，而是观念所致。观念不同，结果迥异。这就是为什么，中国孩子与日本孩子在一起，体力不如日本孩子，大陆孩子与香港孩子在一起，体力不如香港孩子。实际上，主要还不是体力问题，而是心理问题。

美国孩子在家庭中的地位跟中国孩子也不大一样。他们的孩子在家里具有一定的独立性和自由度。而在我们的家庭里，孩子得到的照顾太多，但受到的尊重却比较少，很少被看成是家庭的正式成员，似乎只是一个见习生，什么都被管得严严的。久而久之，就会扼杀孩子们的创造性和想象力。上学之后，枷锁更重，被书本压得喘不过气来，真是人生识字糊涂始。当然，做父母的也很不容易，从孩子呱呱坠地到结婚生子，什么都要管，一抓到底，结果活得都很累。美国孩子最晚在家待到二十一岁，父母不说话，自己也会搬出去。有一次报纸上报道说，洛杉矶一个大学教授，以为他儿子在外面混得不错，结果有一天，在海滩上突然发现儿子已经变成了流浪汉。即使那样，儿子也不肯回家跟父母一起住。在中国人看来，这似乎有点不近情理。于是展开了一场争论，到底是美国人的做法好，还是中国人的做法对，自然是各抒己见，莫衷一是。

爱斯基摩人生活在人类社会的边缘，人际关系相对简单，自然环境却很严酷。而且地广人稀，所以他们把孩子看得特别重要。直到现在，他们的孩子无论走到谁家里去，都可以得到很好的照顾。但他们决不溺爱孩子，从小就教孩子学会与自然竞争，打猎、捕鱼等技术是必须掌握的，这是生存所必须。格陵兰最北部的极地爱斯基摩人是地球上最靠北的居民，对孩子更是关怀备至，从来不打孩子。我问他们，孩子不听话怎么办，他们说，那就说服教育，这是父母的责任。孩子做错了事怎么办，那就告诉他们为什么错了，让他们下次改正就是了。再看看那些活泼可爱的小东西，一个个天真烂漫、团结互助，似乎也没有什么不听话的。而我们却说，不打不成材，棒下出孝子，打了半天，又怎么样呢？因此我觉得，爱斯基摩孩子也许是世界上最幸福的孩子。

说到这里，我忽然又想到了动物。

真得感谢《动物世界》的摄像和编导们，使高傲的人类有机会看到自己的不足。就拿教育后代来说吧，动物们就有许多高明之处。它们的父母对于自己孩子同样是恩宠有加，尽心尽力，关怀照顾得无微不至，但却决不溺爱，一旦长成，便会毫不犹豫地将它们赶出去自谋出路。这看上去有点残酷，但却是生存所必需。我们人类因为有感情、义务、道德、法律的约束，不能像动物那样干脆利落，但我们同样也要在这个星球上生存和繁衍下去，在这一点上，和动物是完全一样的。而且，因为是在同一个星球上，所以也面临着完全相同的自然规律。当然，动物只有一个世界，那就是物质世界。因此，它们只需要一种生存能力，那就是自然生存能力。而我们人类却有两个世界，即物质世界和精神世界。所以每个人都要有两种生存能力，即自然生存能力和社会生存能力。正因如此，所以人类的健康也是双重的，那就是身体和心理。但是，若就自然生存能力而言，地球上任何一种动物，包括那些小小的昆虫，其生存和演化的历史都要比人类长得多。所以，它们所总结出来的教子之道应该是最适合大自然的生存规律的，否则就会被淘汰。那么，我们人类是否应该从它们那里学习点什么，或者至少也应该悟出点道理来呢？

政治家与生殖力

在一张小报上，看到了一篇小文章，写的是李光耀提倡大学生要找大学生结婚的事，引起了我的兴趣和深思。

在亚洲乃至全世界，无论是面积还是人口，新加坡都是一个很小的国家，只不过是一座城市而已，是真正的“小国寡民”。然而，与《老子》里所描述的“邻国相望，鸡犬之声相闻，民之老死不相往来”不同，新加坡的影响力却是全球性的，无论是政治上还是经济上，都令世人所瞩目。之所以能如此，除了特殊的地理位置之外，与一个人很有关系，那就是李光耀。在西方旅行，现在中国也是如此，在大大小小的书店里，都可以看到介绍李光耀的书。一个如此小的国家的政治家，为什么会引起全世界的关注呢？

这篇摘自 2007 年 7 月 21 日《新民晚报》（作者郝铁川）的介绍文章说：在 1983 年 8 月 14 日一年一度的国庆节群众大会上，作为总理的李光耀，出人意外地严肃指出，新加坡的男性大学生，如果想要他们的下一代能像自己一样聪明有为，就不应该愚昧地选择那些文化程度不高，智商较低的女性为妻。此言一出，全国哗然，李光耀所在的人民行动党，在次年的选举中得票率骤降 12%。这是因为，李光耀先生既羞辱了上过大学的女性，更激怒了没有上过大学的女性，不仅几乎得罪了所有的女性，而且连那些低学历女性的父母和朋友，以及那些娶了低学历女性的男性，也会很不高兴。

那么，精明的李光耀明明知道会得罪人，为什么还要口出此言呢?因为他感到了某种忧虑和压力。人口普查的结果显示，新加坡大学毕业生一半左右是女性，其中将近三分之二独居，因为和她们学历相当的男性宁肯找文化程度较低的女性为妻。1983 年，只有 38% 的女性大学毕业生嫁给了学历相同的男性。而美国的一项研究表明，那些双胞胎的兄弟姐妹，即使在不同的家庭甚至不同的国家长大，他们在词汇、智商、习惯、性格和好恶等个人特征方面，仍有 80% 左右非常相似。因此，有人认为一个人的性格、习惯等可能有 80% 来自于遗传，只有 20% 左右取决于后天的培育。由此，李光耀感到问题的严重性，果敢地大声疾呼，大学毕业的男性需要迎娶高学历的女性为妻，受过高等教育的女性要多生孩子。

如果一个美国总统发表一篇这样的演说，立刻就会招致大祸，即使不被弹劾，也会被指为歧视低学历的妇女，歧视没有钱的穷人，甚至被说成是一个种族主义者。但是，李光耀却毫不退让，制定了一系列具体的政策，鼓励男大学毕业生娶学历相当的女子为妻，鼓励高学

历的夫妻多生孩子，而限制文化水平低的夫妻的生育数量。由此可见，小国也自有小国的好处。

且不说李光耀生育观的对与错，文章最后感慨说：作为一个政治家，这种不怕丢失选票，敢于直面现实问题的勇气，在世界政坛上是很少见的。与其博得一些廉价浅薄的掌声，还不如在叫骂声中做一些造福于民众长远利益的实事。

我想，这也就是为什么，李光耀在世界众多政治家中能够独树一帜，因而引起人们的钦佩和关注。由此，我又借题发挥，想到了另外一些很有意思的问题。

“文化大革命”初期，有一些高干子弟，曾以“龙生龙，凤生凤，老鼠的儿子会打洞”为口号，成立了一个造反派组织，叫“联动”。但是，这个口号很快就遭到了批判，“联动”也随之销声匿迹。现在想起来，这个口号并不全错，但需要具体分析。如果这里的“龙、凤和老鼠”指生物，那是完全正确的，生物只能生出同样的生物，老鼠决不会生出一只兔子来。但是，如果以此来指人，就会引出一些复杂的问题。

例如，李光耀所依据的是美国一项关于双胞胎行为特征相似性的研究。然而，必须指出的是，因为双胞胎在基因上和生理结构上是非常相似的，又都是来自于同一对父母，有着遗传上的相似性，这与毫无血缘关系的人与人之间是大不一样的。所以，即使双胞胎之间在行为特征上有 80% 的相似性，也绝对不能推而广之曰，所有人的性格和习惯等有 80% 来自于先天遗传，只有 20% 来自于后天培育。实际情况恰恰相反。人类和动物本质的区别就在于，动物的行为主要来自于遗传，即本能，后天学习的东西是很少的。人类的思想意识和生活技能，大多都是后天学来的，只有吃喝拉撒睡和性不用学就会，主要靠本能。

为了证明自己的观点，李光耀对10%成绩最好的学生作了统计分析，结果发现，家长的教育背景与孩子的学习成绩有着密切的关系。但是，我认为，这并非基因遗传的结果，而是环境所致，父母都受过高等教育，生活条件自然就会优越一些，孩子学习遇到问题也会得到及时地辅导和帮助。所以，不能由此就断定，学历高的夫妻一定会生出智商高的孩子。

人类之所以比动物聪明是由两个条件决定的：一是有聪明的大脑，二是靠后天学习，二者缺一不可。如果只有聪明的大脑，没有后天的学习，同样也是笨蛋。这就是为什么被狼养大的孩子，行为像狼而不像人。有些夫妻非常精明，孩子的成绩却很平平；有些父母都是文盲，孩子的成绩却很突出。关键在于后天的培养和机遇。由此可见，把“龙生龙，凤生凤”用在人类身上，显然是错误的，如果龙都是龙生的，凤都是凤生的，放牛娃朱元璋怎么能建立明朝？农民工李自成怎么能攻进北京城？

当然，李光耀的忧虑也有一定道理。1980年新加坡的人口普查显示，文化水平较高的女性生育少，而文化水平较低的女性生育多，这倒是一个特别值得关注的问题。但是，这个问题并非新加坡所独有，而是一个全球性的大难题。纵观世界的生殖力，就会发现这样一个千真万确、无法回避的事实：发达国家生殖少，发展中国家生殖多；西

方国家生殖少，东方国家生殖多；无色人种生殖少，有色人种生殖多；富裕阶层生殖少，贫穷阶层生殖多；高学历家庭生殖少，低学历家庭生殖多；城市居民生殖少，农村人口生殖多。这种现象意味着什么？是福是祸？是喜是忧？人类社会的文明进程将会加速还是减缓？人类整体的文化素质将会提高还是降低？是很值得研究的。

然而，遗憾的是，或者说奇怪的是，全世界的政治家，包括李光耀在内，对此却都采取了视而不见的鸵鸟式态度。为什么呢？我想大概是因为，这个问题既涉及政治，又涉及经济；既涉及种族，又涉及文化，实在是太复杂了。而且，政治家们日理万机，他们所考虑的首先是资源争夺和战略博弈，这不仅关系到国家利益，而且也决定着他们的政治前途。至于谁家生的孩子少，谁家生的孩子多；哪里的人口在激增，哪里的人口在下降，并不是什么急迫的问题，新生的婴儿还没有选举权，对选票没有什么影响。所以，也就没有人来捅这个马蜂窝。

全球观的冲击

虽然地球是如此之大，上有八百多千米厚的大气层，下有六千多千米厚的内部物质，但是与人类生存最为密切的还是地球表面相对狭小的区域。实际上，撇开宇宙飞船等太空运载工具不算，人类真正活动的范围也不过是从空中十几千米到海下十几千米的区域而已。若从地球的结构来说，这一范围正好是人们所说的水圈和生物圈。这也就是说，虽然地球的大小和宇宙的结构都是人类常常思考的问题，但对人类生存最为重要的却还是地球表面上下相对狭小的空间而已。那么，人类对于地球的表面到底有些什么样的认识呢?

“不识庐山真面貌，只缘身在此山中”是古人对庐山之雄伟和博大的赞叹，却也道出了一个普遍规律，即由于各种条件的限制，人类对于客观事物的认识往往是先知其局部，而后知其全体，例如对于地球的认识就是如此。

人类生活在地球上虽然已有二三百万年的历史，但在很长一段时间里却是处于愚昧状态，不仅不知道地球是什么样子，就连自己生活的圈子之外到底有些什么东西也一无所知。这是因为，人类生活在地球上，就像是蚂蚁爬在大象身上一样，单凭眼睛和双腿是不可能认识地球全貌的。当然，这并没有限制住人们的想象，例如我们的祖先，从自己的直觉感观出发，就曾认为天圆地方，天圆而有边，地方而有角，故有“天涯海角”。但天涯海角在什么地方，是什么样子，是没有人知道的。而且还认为，上有十八层天，下有十八层地，但却从来没有人敢去认真地探索一下，看看是否真有这回事。西方的先民们则把地球想象成是一个周边翘起来的平底盘子，天空则像是镶满宝石的大幕，人若从盘子边缘掉下去，就会坠入万丈深渊。

直到 13 世纪 70 年代，有人完成了一次在当时来说是最长的远征，从意大利来到了中国，那就是马可・波罗（Marco Polo），回去之后，他写了一本书叫做《马可・波罗游记》，在西方引起了极大的轰动。当然，人们真正感兴趣的并不是他这次远足的旅行，而是蕴藏在东方的巨大的财富。因为马可・波罗把中国描写得实在是太好了，说是黄金遍地，美女如云，水果堆积如山，喝了泉水就可以成仙之类，简直就是人间天堂。西方人虽然坚信有天堂的存在，但他们也知道，那是可望而不可及的，在死之前无论如何也到不了那里。而中国这个天堂却是可以到达的，于是便对他们产生了巨大的吸引力。

二百多年以后，另一个关键人物登场了，那就是哥伦布。1492 年，哥伦布携带西班牙统治者致中国皇帝的国书，率领由三艘船组成的船队，开始了人类历史上的第一次环球航行，希望一直往西就可以找到一条通往中国和印度的路。未曾料想，半路上却遇到了一个不可逾越的障碍，结果导致了地理大发现。人们这才知道，除了欧洲和亚洲之外，地球上原来还有其他的大陆。经过一系列的探索之后，终于发现了美洲、非洲、澳大利亚和新西兰等。人类的眼界空前的扩大了，于是便受到了第一次全球观的冲击。对此，恩格斯在其《家庭、私有制和国家的起源》一文中写道："世界一下子大了差不多十倍；现在展现在西欧人面前的，已不是一个半球的四分之一，而是整个地球了，他们赶紧去占领其余的七个四分之一。传统的中世纪思想方式的千年藩篱，同旧日的狭隘的故乡藩篱一起崩溃了。在人的外界视线和内心视线前面，都展开了无限广大的视野。"正如恩格斯所指出的那样，这次冲击的直接结果是导致了殖民主义的扩张。小小的西班牙和葡萄牙瓜分了整个南美洲，法国占领了非洲大部，而由几个小岛组成的大不列颠则攫取了北美洲的全部，非洲的一部分，澳大利亚、新西兰和印度次大陆，成了一个名副其实的日不落帝国，这也是人类历史上的一大奇迹。至此，人类对于地球的全貌总算有了一个初步的认识。

打开一张世界地图，您就可以看到，许许多多弯弯曲曲的线条把地球分成了大大小小的块体，这就是国界。毫无疑问，这为管理地球提供了一种现实可行的办法。但是，随着时间的推移，人们渐渐发现，国界的作用毕竟是有限的。因为，对于人类社会来说，国界确实具有一定的约束力。但是，对于大自然来说，国界就显得毫无意义了，因为大自然有它自己的变化规律，是不以人的意志为转移的。于是，人

类便面临着第二次全球观念的冲击。如果说第一次全球观的冲击是由于地理大发现的话，那么，第二次全球观念的冲击则是由于科学的进步。

进入19世纪以后，人类社会前进的步伐大大地加快了。首先给人类的观念带来深刻变化的是达尔文的进化论，因为人们终于明白，地球上的生物，当然也包括人类自己，并不是上帝造出来的，而是进化而来的。于是便有了某种认同感，原来不仅全球的人类是一家，而且地球上所有的生物也都是从一个单一的祖先演化而来的。这也就是说，人类和其他的生物之间并无不可逾越的鸿沟，而是存在着某种亲缘关系。接着是魏格纳的大陆漂移，又把人类对地球的认识大大地往前推进了一步。原来，在两亿多年以前，地球上所有的大陆都还是连在一起的，只是到后来才四分五裂，漂移成现在这种样子。这个学说的确定已经是20世纪60年代初的事了，差不多与此同时，人类终于飞上了天。当人们从太空回望地球的时候，忽然悟出了这样一个道理，即地球原来是很小的，而且不可能再增大了。而生活在上面的人类，无论是在数量上还是在欲望上，都是在无限增长着的。于是便提出了这样一个问题：一个在面积上和资源上都很有限的地球，怎么能够养活在数量上和欲望上都无限增长着的人类呢？这显然是一个难以调和的矛盾。实际上，这个矛盾早就已经存在了，资源枯竭，环境恶化，气候异常，生态失衡就是很好的证明。而且，所有这些问题都是全球性的，并不以国界为限制。所以，这些问题的解决也必须要依靠全人类的共同努力。因此，人类则面临着第二次全球观的冲击。如果说，第一次全球观的冲击激起了人们往外探索的热情，那么，第二次全球观的冲击则引起了人们对自己行为的理性的深思。在过去漫长的历史中，人类傲慢地以为自己就是地球的主宰，而忽略了人与大自然之间的相互协调，结果引起了大自然的报复。因而，现在是调整人与大自然之间的关系的时候了。这成了愈来愈多的人们的共识。

特别值得指出的是，无论是第一次全球观的冲击所引起的地理大发现，还是在第二次全球观的冲击所引起的人类对地球认识的科学大进军中，南北两极都具有极其特殊的意义。因为，在全球性的地理大发现中，两极是人类最后到达并付出了极大代价的地区。而在人类对地球的重新认识中，人们终于发现，无论是在科学、资源、气候、环境等整体地球系统中，还是在人类的思想观念中，两极都发挥着至关重要的作用。因此，走向两极不仅是对人类决心、能力、胆量、意志等极限的挑战，而且也是人类认识地球和保护地球的最后的钥匙。正因如此，在人类走向全球的过程中，进军两极是最具挑战性，因而也是最具吸引力的。

附：文明类型进化表

文明类型	延续时间	中心地域	进化物种	生存方式	文化特征	物欲观念	空间扩张
类人文明	1000万—200万年以前	非洲	从腊玛古猿到南方古猿到阿法南猿	以收集果实为主，还没有狩猎能力	直立行走，使用工具	还没有什么物欲观念，以吃饱肚子为满足	大约200万年以前学会了制造工具，走出非洲，完成了人类历史上第一次空间大扩张，导致原始文明
原始文明	200万—1万年以前	以非洲为中心，依次进入亚洲、欧洲、澳洲和美洲	从能人（200万—175万年以前）到直立人（200万—20万年以前）到智人（25万年以前）	以狩猎为主，收集副之	制造工具，学会用火，有了语言和抽象思维的能力	分享：你的也是我的，我的也是你的，只有分享才能活下去	亚洲黄种人的祖先大约7万—6万年以前到达澳大利亚，3万—2万年以前进入美洲，完成了人类历史上第二次空间大扩张，导致农牧文明

文明类型	延续时间	中心地域	进化物种	生存方式	文化特征	物欲观念	空间扩张
农牧文明	大约1万年以前到工业革命	以亚洲为中心，依次有非洲和美洲	从后期智人（4万年以前）到现代人	以耕种土地和驯养牲畜为主导，有了剩余价值、私有观念和贫富差异	陶器，铜器，铁器，语言，文字，文学，艺术	占有：你的是你的，我的是我的。如果互有需要，可以等价交换	16世纪以后，欧洲崛起，开始大规模的殖民扩张，先后侵入亚洲、非洲和美洲，完成了人类历史上的第三次空间大扩张，导致了工业革命
工业文明	1860年至今	以欧洲为中心，带动了全世界	现代人	以工业生产和科学技术为主导	文学，艺术，电影，电视，网络	掠夺：你的也是我的，我的还是我的，对人和自然大肆掠夺	1961年进入太空，开始了人类历史上第四次空间大扩张，将导致科学文明

注：

1. 阿法南猿分为两支：一支从纤细南猿到粗壮南猿，最终消失；另一支从能人到直立人到智人。

2. 直立人主要是根据爪哇人和北京人的化石确定的。

3. 智人分为早期智人和晚期智人。欧洲的早期智人称为尼安德特人，我国发现的早期智人有陕西大荔人、广东马坝人、湖北长阳人和陕西丁村人。欧洲的晚期智人称为克罗马农人。我国境内发现的晚期智人遗骸非常丰富，最著名的有广西的柳江人和周口店的山顶洞人。山顶洞人和中国人、爱斯基摩人、美洲的印第安人十分接近，一般认为是黄种人的祖先。

天网恢恢，疏而不漏

站在南极冰原，燕鸥在天上奋飞，海豹在冰下畅游，贼鸥大声鸣叫，企鹅在远处匆匆走过；或者，漫步北极草原，徘徊在北冰洋之滨，空中是翻飞的海燕，海滩是忙碌的瓣蹼鹬和三趾鹬，远处有成群的大雁，草丛中有鸣叫的雪鸮，鲸在海里潜游，偶尔浮上来呼吸，喷出一个巨大的水柱；北极熊在浮冰上窥视，伺机而动，希望能找到食物……

独立于天涯海角，置身于万千生灵之中，我忽然觉得，在那广阔无垠的时空之中，自己变得无限渺小，甚至还不及沧海一粟；而在那丰富多彩的生灵中间，仿佛发生了进化逆转，自己忽然返璞归真，变成了它们中的一分子，飘忽不定，随心所欲，进入了一条时空隧道，回到了遥远的过去……

地球上的生命，已经有几十亿年的进化历史，经历了一个相当漫长而复杂的过程：大约在38亿—36亿年以前，地球上的原始海洋里，经过长时间的化学进化，出现了有生命迹象的蛋白质；大约30亿年以前，原始海洋里出现了细菌、蓝藻等原核生物；大约25亿—6.5亿年以前，原始海洋里出现了低等无脊椎动物和藻类原始植物；大约6.5亿年以前，进入海生无脊椎动物时代，开始发生两性分化，海洋里出现了大量软体动物，陆地上出现了孢子植物；到大约5.4亿年以前，壳类动物大量爆发，生物体出现了“骨包肉”的结构；从4.3亿到3.5亿年以前，海洋里进入了鱼类（脊椎动物）时代，生物体出现了“肉包骨”的结构。与此同时，陆地上出现了两栖动物、无脊椎动物、维管植物和小型森林。从3.5亿到2.5亿年以前，地球上是两栖动物时代，海洋里有大量的鱼类，陆地上有两栖动物、爬行动物，以及裸子植物和大面积的森林，还有昆虫；从2.5亿年以前到6 500万年以前，是爬行动物时代，恐龙大量繁殖，出现了鸟类和小型哺乳动物，裸子植物占据统治地位，后期出现了被子植物；从6 500万年以前到现在，是哺乳动物时代，被子植物占据了统治地位，并最终出现了人类。

就这样，从化学反应到生物进化，从蛋白质到生命，从单细胞到多细胞，从简单到复杂，从骨包肉到肉包骨，从软体动物到甲壳类，从无脊椎动物到鱼类，从两栖到爬行，从爬行到哺乳，从哺乳到人类。而在繁殖方式上，则是从无性到有性，从卵生到胎生，从体外受精体外发育到体内受精体外发育，再到体内受精体内发育。与此相对应的则是植物的进化，从海生藻类到陆生维管植物，从孢子植物到裸子植

物，再到被子植物。然后才有了今天繁花似锦的世界。

但是，生物的进化并不是连续的，或者说并不是一帆风顺的，而是充满了艰难曲折。据研究，在生命进化的38亿年中，已经发生过五次生物大灭绝。灭绝的物种占地球上曾经出现过的物种总数的99.999%。最近的一次大灾变，发生在6 500万年以前，据说是一颗小行星撞击地球造成的，从而导致了恐龙大灭绝。这也就是说，地球上现有生命世界的新秩序，主要是在那次大灾变以后才逐渐建立起来的。

说到这里，人们马上就会提出一个问题：既然过去发生过多次大灾变，将来会不会再发生呢？回答应该是肯定的。

人类对于自然界的认识，包括人类对于自身的认识，都有一个过程。这个过程正在进行之中，某些方面甚至还刚刚开始。例如，原来人们认为，宇宙万物各行其是，彼此没有什么关系。但是现在，人们开始认识到无论是天上的云、地上的土，还是空中的鸟、水里的鱼，彼此之间都密切相关。似乎有一些无形的连线，把世上万物错综复杂地连接在一起，构成一个神秘的网络，把所有的生物，从植物到动物，从细菌到蘑菇，小到昆虫，大到鲸，都编织在这个网络里。在这个网络里的所有生物，都必须严格按照大自然的规律行事，相互支撑而又彼此制约，否则就会被淘汰出局。这就是所谓的生态平衡。

地球上的生物，看上去复杂纷纭，千变万化，实际上却是结构严密，层次分明。如果把这个生态系统比作一个金字塔，构成第一层，即基础层的就是微生物，包括形形色色的细菌、病毒和藻类。构成第二层的就是植物，它们是初级生产力。第三层是节肢动物（包括昆虫）和海洋里的浮游生物，它们是次级生产力。第四层是食草动物。第五层是食肉动物。站在最顶层的，就是我们人类。

微生物是地球上数量最多、个体最小、进化最早、分布最广的生物，上到高空，下到海底，深到岩石圈，广到几乎所有的生物体表面或者内部都有它们的踪迹。例如，人类身体表面，就寄生着大量的细菌和螨虫。而在人类肠道中，就有上百种细菌在协调工作，帮助消化。有一些微生物，可以令矿物质等无机物变成蛋白质，为高一级的生物提供了食物。有一些微生物，可以令动植物的尸体腐烂分解，是地球的清道夫。有一些微生物，可以发酵，用以制造啤酒、面包、泡菜、奶酪，是人类所必需。有一些微生物，能够引起疾病，借以控制其他生物的数量。有一些微生物，可以制成抗生素，用以拯救生命。有一些微生物，可以处理废水，降解塑料，用于工业和环保。还有一些微生物，可以改造土壤，增加腐殖质，为植物的生长创造条件。因此，微生物不仅首先来到这个星球上，是其他所有生物的始祖，而且也是整个生态系统的基础。

有一些微生物，例如细菌，具有动物的特性，它们是动物的鼻祖。有一些微生物，例如有些藻类，呈现植物的特性，可以进行光合作用，它们便是植物的鼻祖。植物作为生态金字塔的第二层，是至关重要的。首先，植物利用太阳能，把水和二氧化碳合成碳水化合物（葡萄糖），同时释放出氧气。这有双重意义，碳水化合物为食草动物提供了食物，氧气则改变了大气的成分，为绝大多数生物的生存创造了必要条件。其次，植物还为几乎所有的动物提供了庇护所，使它们得以挡风避雨，

做窝筑巢，休养生息，繁衍后代。第三，植物覆盖陆地表面，改变了气候，美化了环境，固结了土壤，保护了土地，防止了沙漠化，减少了土壤流失。也就是说，植物为其他生物的生存和繁衍提供了丰富的食物、足够的氧气、美好的环境和舒适的家园。

除了微生物之外，节肢动物是地球上种类最多，数量最庞大的群体，生物学上叫做节肢动物门，有100多万种，是动物界最大的一门。从化石来看，大约在6亿—7亿年以前，它们就出现在地球上。而到3.5亿年以前，又进化出了昆虫，有100多万种，叫做昆虫纲。从其食性上来看，节肢动物也分成两大类，一类以植物为食，相当于食草动物；另一类以其他节肢动物为食，相当于食肉动物。它们的分布非常广泛，占据了海陆空三维空间，为动物的进化奠定了基础。而且，它们也是地球上最先以植物为食的动物，把植物体内的碳水化合物变成蛋白质，为其他动物提供了营养丰富的食物。

食草动物在生态系统中的关键作用，就是吃草长肉，把植物通过光合作用制造的碳水化合物转换成蛋白质，同时也制约植物的生长。

食肉动物则以食草动物为食，在生态系统中的主要作用是控制食草动物的数量。

人类站在金字塔的顶部，既吃植物，也吃动物，而且贪得无厌，永不满足，因而成为全方位的杀手。

那么，这样一座生态金字塔，是怎样保持稳固、维系平衡的呢？

在世界其他地方，特别是热带和温带地区，生物的数量和种类庞杂，分析起来很不容易。而在寒带，生物的种类比较少，生态系统相对简单，食物链比较单一，我们不妨到南极、北极去看看，那里的生态平衡是怎样维系的。

北极陆地的微生物，大都藏身在泥土里，最重要的任务之一，就是分解泥土里的腐殖质。由于温度低不容易腐烂，北极泥土里埋藏着大量动植物的尸体，都是固态的碳。如果气温寒冷，这些固态碳就会继续储存。如果温度升高，细菌就会大量繁殖，把这些固态碳分解成二氧化碳，散发到空中，进一步加速了温室效应。所以，北极的微生物，对温室效应有一定的制约和放大作用，从而影响着北极乃至全球的生态平衡。

北极草原，也叫苔原带，生长着各种花草与昆虫，谁来制约它们呢？于是则有旅鼠、驯鹿、麝牛和鸟类应运而生。谁来制约这些食草动物呢？于是则有鼬鼠、狐狸、雪鸮、狼群等食肉动物接踵而至。小的食肉动物食用小的食草动物，大的食肉动物食用大的食草动物。例如，鼬鼠、狐狸和雪鸮，只能靠旅鼠而生存，不可能去向驯鹿进攻。而如果狼群靠吃旅鼠很难填饱肚皮。所以，它们的主要任务就是捕食驯鹿和麝牛，偶尔也会捕食兔子甚至旅鼠打打牙祭。研究表明，狼群数量过多，驯鹿就会减少。驯鹿减少以后，狼群找不到足够的食物，就会冻饿而死。狼群数量减少，驯鹿就会增加。麝牛也是如此。

最典型的是旅鼠，它们要为鼬鼠、狐狸、雪鸮、贼鸥等提供食物。如果旅鼠数量太少，这些小型的食肉动物就会饿死。北极的夏天只有一个多月，小草长得很慢。如果旅鼠过多，把草吃完，北极的生态平衡就会彻底被打破。于是，大自然赋予旅鼠两种特异功能：一是繁殖

能力强，一对旅鼠放开生育，一年最多可以繁殖几十万只；二是旅鼠数量一旦过多，威胁到北极的生态平衡时，就会组织起来去自杀。北极狐狸也是如此，旅鼠多时狐狸就多，吃得多生得多。一旦威胁到生态平衡，就会得一种怪病，叫做“疯舞病”，得病的狐狸会拼命跳舞，直到累死为止。

还有一个很有趣的例子。北冰洋里有大量的海豹和海象，基本上没有什么天敌。于是则有北极熊应运而生，主要以海豹和海象为食。据研究，北极熊是从北美棕熊进化而来的，大约只有二十几万年的历史。棕熊只能在陆地上捕食驯鹿和麝牛，北极熊则可以深入到北冰洋的冰盖上，成为海豹和海象的克星，似乎是大自然故意安排的。

南极大陆95%以上都被冰雪所覆盖，基本上没有植物。最大的陆地动物是一种螨虫，只有2—3毫米长，而且数量极少，构不成食物链，也就无所谓生态平衡。像企鹅、海豹和贼鸥等都是海洋性动物。而在南极周围的海洋里，微生物分解矿物质和腐殖质，为浮游生物提供养料。浮游生物为磷虾提供食物。磷虾则直接或间接地为鱼类、鸟类、企鹅、海豹、鲸等南大洋里几乎所有比磷虾大的生物提供食物。因此，与旅鼠在北极生态平衡中的作用一样，磷虾是南大洋生态平衡中非常关键的一环。

俗话说，大鱼吃小鱼，小鱼吃虾，虾吃沙。其实并非如此。实际上，虾吃的不是沙，而是浮游生物。地球上最大的鱼——鲸吃的也不是小鱼，而是磷虾。于是，又产生了一个问题：谁来消耗这些最大的鱼？谁来制约那些凶猛的食肉动物？人类的出现，是否也是造物主的战略部署，专门用来制约其他生物以便维持地球上的生态平衡呢？

首先应该指出的是，早在人类出现之前，地球上的生态系统就从不平衡到平衡，从平衡到不平衡，偶尔遭到毁灭，然后建立新的平衡，这样地反反复复，已经延续了几十亿年。如果从6 500万年以前恐龙灭绝以后算起，现在地球上的生态系统，也已经延续了几千万年。但是，自从人类出现在这个星球上，问题就复杂了。随着科学技术飞速发展，人类对自然界的影响越来越大，正在越来越严重地破坏着地球上的生态平衡。

按照《圣经》的说法，上帝首先创造了万物，然后又造出了人类——亚当和夏娃，让他们管理伊甸园。然而，令上帝大失所望的是，亚当和夏娃先是偷吃禁果，破坏了上帝的清规戒律。他们的后代又互相残杀，恶行不断，世界败坏，充满强暴，致使上帝极为愤怒，后悔造了人类，决心发一场大洪水，将他们和地一起毁灭，却又生了恻隐之心，偷偷地告诉诺亚制造方舟，使人类得以在地球上延续。所以，归根结底，现在地球所面临的这种复杂局面，都是因为上帝造人所引起来的严重后果，真是一失足成千古恨！

但是，无论是上帝，还是人类，虽然高高在上，占据着生态金字塔的最高层，但都无力回天，控制不了大自然。时至今日，人类可以上天入地，探测宇宙，但却征服不了苍蝇和蚊子，尽管不喜欢它们，还得和它们共处。更对付不了细菌和病毒，又是艾滋病，又是猪流感，层出不穷，前仆后继。即使有一天，温室效应引起气候逆转，核大战摧毁地球表面，人类灭亡了，其他动植物还会继续存在；即使大型动

物灭亡了，苍蝇蚊子还会继续存在；即使苍蝇蚊子没有了，细菌病毒还会继续存在。再过若干年，地球上又会演化出新的生态系统，达到新的生态平衡。到那时候，也许会有新的人类或者高智能动物，来管理地球这个伊甸园。

生命世界就是这样，错综复杂，盘根错节，我中有你，你中有我，互相依存而又互相制约，似乎有一张巨大的网，把宇宙万物连接编制在一起，金字塔的任何一层出了问题，整个金字塔就会轰然倒地。

真是，天网恢恢，疏而不漏。